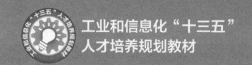
工业和信息化"十三五"
人才培养规划教材

基于STM32
的嵌入式系统应用

STM32 Embedded System Application

孙光 ◎ 主编

肖迎春 曾启明 ◎ 副主编

王静霞 ◎ 主审

U0191422

人民邮电出版社
北 京

图书在版编目（CIP）数据

基于STM32的嵌入式系统应用 / 孙光主编. -- 北京：
人民邮电出版社，2019.10（2024.1重印）
工业和信息化"十三五"人才培养规划教材
ISBN 978-7-115-51799-9

Ⅰ．①基… Ⅱ．①孙… Ⅲ．①微控制器－高等学校－
教材 Ⅳ．①TP332.3

中国版本图书馆CIP数据核字(2019)第172973号

内 容 提 要

本书介绍了意法半导体公司出品的基于 Arm Cortex-M3 内核的 STM32F103 微控制器在工程实践
中的应用。

全书分为基础篇和应用篇。基础篇介绍了嵌入式系统的基本概念、实训使用的软硬件平台、
STM32 的标准外设库、嵌入式 C 语言编程的特点、STM32 系统时钟、彩色 LCD 显示基础、字符编
码和显示字库等内容；应用篇依托 STM32 微控制器的主要外设、常用外围器件以及典型应用等设计
了 11 个实训项目。

本书适合作为高职院校电子与控制类专业"嵌入式系统应用"等相关课程的教材，也可以作为
工程技术人员学习 STM32 微控制器编程的快速入门参考书。

- ◆ 主　　编　孙　光
  副 主 编　肖迎春　曾启明
  主　　审　王静霞
  责任编辑　祝智敏
  责任印制　马振武
- ◆ 人民邮电出版社出版发行　北京市丰台区成寿寺路 11 号
  邮编　100164　电子邮件　315@ptpress.com.cn
  网址　http://www.ptpress.com.cn
  北京隆昌伟业印刷有限公司印刷
- ◆ 开本：787×1092　1/16
  印张：12.5　　　　　　　　2019 年 10 月第 1 版
  字数：309 千字　　　　　　2024 年 1 月北京第 9 次印刷

定价：42.00 元

读者服务热线：(010)81055256　印装质量热线：(010)81055316
反盗版热线：(010)81055315
广告经营许可证：京东市监广登字20170147号

意法半导体公司（ST）作为第一家与 Arm 公司合作正式出品 Cortex-M3 内核微控制器的半导体器件公司，于 2007 年推出 STM32F1 系列微控制器芯片。此后十余年，以 STM32 为代表的 Cortex-M 内核微控制器逐渐在全球通用 32 位微控制器市场占据了主导地位，并不断向下侵蚀了 8 位单片机的市场。

为了适应微控制器市场的这一发展趋势，深圳职业技术学院电子信息工程技术专业在 2012 年开设了以 STM32 微控制器为学习对象的"嵌入式系统应用"课程。毫无疑问，微控制器相关课程是高职电子类专业教学计划的重要内容，目前深圳职业技术学院电子信息工程技术专业设置的微控制器相关课程体系如下表所示。

	课程内容（非课程名称）	课程目的
1	基于 51 单片机的嵌入式 C 语言编程	使学生熟悉微控制器的基本结构并具备基本的 C 语言编程能力
2	基于 STM32 的嵌入式系统应用	使学生具备面对复杂控制对象的 C 语言编程能力
3	基于 μCOS 的嵌入式实时操作系统应用	使学生具备在实时操作系统环境下的编程能力

在学校实际教学以及与兄弟院校的交流过程中，对于以上课程体系的设置存在一定争议。有观点认为，既然目前 51 单片机的市场空间已经大大萎缩，不如直接将 STM32 作为微控制器教学的入门课程。

针对此观点，我校通过社团选修课的形式进行了积极尝试，发现即使是成绩较好、具有较高学习热情的学生，也很难直接从 STM32 入手进行微控制器内容的学习。

经过调查和分析，我们发现造成学习困难的原因主要有两个：第一，STM32 微控制器本身内部结构比较复杂，学生感到难以理解；第二，基于 STM32 的嵌入式编程涉及的 C 语言知识点过多，学生在有限的课时内难以全面掌握。

另外，经过市场调研，我们发现虽然 51 单片机作为通用处理器的市场空间已大为压缩，但是在很多追求性价比的专用控制器上，51 单片机仍旧占据着非常大的市场份额。

基于以上事实，我们认为 51 单片机的教学在高职电子类专业整个微控制器课程体系中仍是不可或缺的。在一个简单结构上先进行微控制器的学习，并以此来掌握 C 语言编程的基础知识是比较容易让学生接受的。

由此我们明确了 STM32 课程在整个微控制器课程教学体系中的定位，就是在"基于 51 单片机 C 语言编程"课程的基础上，使学生具备面对复杂对象的嵌入式 C 语言编程能力。

结合高职电子类专业学生的实际情况，我们针对本书的内容设计确定了以下原则。

1. 以应用为中心，有所为有所不为。不纠结于 STM32 微控制器的原理细节，不在书中简单复制和堆砌 STM32 微控制器的知识点，而是注重学生的快速入门和实际编程能力的培养。

2. 在具备基本 C 语言编程能力的前提下，着重加强在基于 STM32 的嵌入式 C 语言编程中常用的宏指令、结构体、指针等内容的学习。

3. 强化编程规范的学习，注重学生良好编程习惯和编程风格的养成。

4. 教学项目的内容编排落实在一个具体的"帆板角度测量与控制装置"上，此装置以全国大学生电子设计竞赛的赛题为蓝本，将 STM32 目标板作为整个装置的控制核心，尽可能将 STM32 微控制器的编程落实到直观具体的控制对象上，以提高学生的学习兴趣，明确课程的学习目的。

5. 考虑到一部分不方便使用"帆板角度测量与控制装置"进行实践的读者，本书所有教学项目都设计为可以独立在 STM32 目标板上完成。

6. 教学项目的内容编排除了关注 STM32 微控制器外设的编程，还根据实际应用的需求，加入了彩色 LCD 显示、Wi-Fi 串口模块、物联网云平台的使用等内容。

7. 在大部分教学项目结束时，都给出了相应拓展项目的要求和提示。设置拓展项目的目的一方面是为了巩固学习效果，另一方面是在实施过程中找出问题，为后续项目的学习做铺垫。

本书分为基础篇和应用篇两大部分，教材内容按照基础篇的专题介绍和应用篇的实训项目展开，但并不意味着实际教学需要严格按照教材目录的编排顺序。在课时有限的情况下，可以直接依托实训项目展开教学，每个项目的内容已经足以支撑教学的进行（项目中的一些知识点是对前面专题内容的延伸，如实训项目 1 中关于 STM32 标准外设库的精简结构介绍）。而基础篇的专题可以有选择地穿插在实训项目的教学中，下表列出了推荐的教学顺序（共计 64 课时）。

教材编排顺序		推荐学习顺序	
章节	内容	章节	内容
第 1 章	专题 1——嵌入式系统概述	第 1 章	专题 1——嵌入式系统概述
第 2 章	专题 2——实训项目使用的软硬件平台	第 2 章	专题 2——实训项目使用的软硬件平台
第 3 章	专题 3——CMSIS 与 STM32 标准外设库	第 8 章	实训项目 1——LED 闪烁
第 4 章	专题 4——STM32 嵌入式 C 语言编程的特点	第 9 章	实训项目 2——按键控制 LED 亮灭
第 5 章	专题 5——STM32F10x 微控制器的系统时钟	第 3 章	专题 3——CMSIS 与 STM32 标准外设库
第 6 章	专题 6——彩色 LCD 显示	第 4 章	专题 4——STM32 嵌入式 C 语言编程的特点
第 7 章	专题 7——字符编码与显示字库	第 10 章	实训项目 3——按键控制 LED 闪烁频率（外部中断）
第 8 章	实训项目 1——LED 闪烁	第 6 章	专题 6——彩色 LCD 显示
第 9 章	实训项目 2——按键控制 LED 亮灭	第 7 章	专题 7——字符编码与显示字库
第 10 章	实训项目 3——按键控制 LED 闪烁频率（外部中断）	第 11 章	实训项目 4——彩色 LCD 显示图片与文字
第 11 章	实训项目 4——彩色 LCD 显示图片与文字	第 5 章	专题 5——STM32F10x 微控制器的系统时钟
第 12 章	实训项目 5——按键控制 LED 闪烁频率（定时器中断）	第 12 章	实训项目 5——按键控制 LED 闪烁频率（定时器中断）
第 13 章	实训项目 6——风扇转速的 PWM 控制	第 13 章	实训项目 6——风扇转速的 PWM 控制
第 14 章	实训项目 7——帆板角度与芯片温度检测	第 14 章	实训项目 7——帆板角度与芯片温度检测
第 15 章	实训项目 8——帆板角度与芯片温度检测（DMA 方式）	第 15 章	实训项目 8——帆板角度与芯片温度检测（DMA 方式）
第 16 章	实训项目 9——串行通信控制风扇转速并获取帆板角度	第 16 章	实训项目 9——串行通信控制风扇转速并获取帆板角度
第 17 章	实训项目 10——Wi-Fi 控制风扇转速并获取帆板角度	第 17 章	实训项目 10——Wi-Fi 控制风扇转速并获取帆板角度
第 18 章	实训项目 11——基于 STM32 的物联网云平台温度检测	第 18 章	实训项目 11——基于 STM32 的物联网云平台温度检测

关于本书教学对象的选择有两个问题需要做出说明。

1. 为什么选择 STM32F103 系列芯片？

自从 2007 年 ST 公司推出第一款 Cortex-M3 内核的 STM32F1xx 微控制器至今已逾十年，虽然其后 ST 公司也陆续推出了基于 Cortex-M4 内核的 STM32F4xx 微控制器和基于 Cortex-M7 内核的 STM32F7xx 微控制器，但是从性价比的角度来看，STM32F1xx 微控制器仍然是市场的绝对主流，目前仍不断有新型号推出。在可预见的相当长一段时间内，只要对终端设备的运算能力需求没有本质性的提高，其主流地位仍将持续。

2. 为什么是标准外设库而非 HAL 库？

使用外设驱动函数库进行编程是 STM32 微控制器编程非常重要的特色，外设驱动函数库也从标准外设库发展到了更为抽象化并融入了面向对象思维的 HAL 库。但是从企业产品研发的惯性来看，占据市场主流地位的 STM32F1xx 和 STM32F4xx 微控制器仍然普遍使用标准外设库进行编程，这也是本书选用标准外设库而非 HAL 库进行教学的主要原因。

本书的适用对象为具备基本单片机和 C 语言编程知识的高职院校电子与控制类专业学生。

本书由孙光担任主编，肖迎春、曾启明担任副主编，王静霞担任主审，曾日扬、李坚等为本书实训项目的完善做出了重要贡献，在此一并感谢。

目录 / CONTENTS

第一部分　基础篇

第二部分　应用篇

第一部分

基础篇

Chapter 1

第1章
专题1——嵌入式系统概述

学习目标

1. 了解嵌入式系统的基本概念
2. 了解 Arm Cortex-M 内核处理器的特点
3. 了解 STM32 处理器的特点

1.1 从单片机到嵌入式系统

单片机是在一颗芯片中集成了中央处理单元（CPU）、数据存储器（RAM）、程序存储器（ROM）、输入/输出端口（I/O）、定时器/计数器（Timer/Counter）等外设的微型电子计算机。

相对功能比较强大的个人计算机（PC），单片机的运算能力是有限的，但是单片机凭借体积小、功耗低、价格便宜等特点，已经渗透到日常生产生活的方方面面，在工业控制、国防技术、家用电器、消费电子产品等领域得到了广泛应用。

随着电子产品人机交互界面彩屏化、触摸化以及通信网络化的趋势，运算能力有限的 8 位乃至 16 位单片机已经越来越不能满足需求，具有较强运算能力的 32 位嵌入式系统的优势日益突显。

嵌入式系统（Embedded System）是一个宽泛的概念，很难下一个确切的定义。图 1-1 描述了嵌入式系统、单片机系统和通用计算机系统之间的关系。

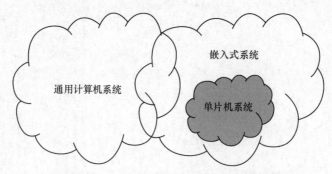

图1-1　嵌入式系统、单片机系统与通用计算机系统

首先，嵌入式系统包括单片机系统，但是其运算能力远远超过传统的单片机。

其次，嵌入式系统不等于通用计算机系统，它是以应用为中心，以计算机技术为基础，软硬

件可裁剪，适用于对功能、可靠性、成本、体积、功耗有严格要求的专用计算机应用系统。

不过随着嵌入式技术的发展，嵌入式系统与通用计算机系统之间也出现了一定程度融合的趋势。

1.2　精简指令集计算机与复杂指令集计算机

学习嵌入式系统，必须要提到两组与电子计算机架构和体系结构相关的概念，一组是精简指令集计算机（Reduced Instruction Set Computer，RISC）和复杂指令集计算机（Complex Instruction Set Computer，CISC），另一组是普林斯顿结构和哈佛结构。我们首先来了解一下 RISC 和 CISC。

RISC 和 CISC 是当前微处理器使用的两种基本架构，它们的区别在于使用了不同的 CPU 设计理念和方法。

顾名思义，采用复杂指令集的处理器结构比较复杂，指令系统比较丰富，有专用指令来完成特定的运算，因此处理复杂运算的效率较高。但由于 CISC 处理器的结构复杂，带来的副作用是价格和功耗较高。典型的 CISC 处理器包括英特尔的 X86 架构处理器以及 8051 单片机。

在 CISC 处理器中，各种指令的使用率相差悬殊，一个典型程序运算所使用的 80% 的指令往往只占到整个处理器指令系统的 20%，在实际运行中使用最频繁的是存取指令和加法指令等简单指令。CISC 处理器的复杂结构只是为了少数使用率不高的复杂运算指令服务，这显然是不划算的，于是 RISC 处理器应运而生。

同样从字面理解，采用精简指令集的处理器结构比较简单，对应的指令较少，容易实现单周期指令，适合处理简单的数学和逻辑运算。RISC 把主要精力放在那些经常使用的指令上，尽量使它们简单高效。对不常用的复杂运算，通常采用指令组合来完成，因此在 RISC 处理器中进行复杂运算时效率可能较低，但可以利用流水线技术加以弥补。

从硬件角度来看，CISC 处理的是不等长指令集，它必须对不等长指令进行分割，在执行单一指令的时候需要进行较多的处理工作；而 RISC 执行的是等长指令集，CPU 在执行指令的时候速度较快且性能稳定。在并行处理方面，RISC 明显优于 CISC，RISC 可同时执行多条指令，将一条指令分割成若干个进程或线程，交由多个处理器同时执行。

由于 RISC 执行的是精简指令集，对应的处理器硬件结构相对而言复杂度不高，所以它的制造工艺简单且成本相对低廉。

目前 CISC 与 RISC 正在逐步走向融合，Pentium Pro 芯片就是一个最典型的例子，它的内核基于 RISC 架构，处理器在运行 CISC 指令时将其分解成 RISC 指令，以便在同一时间内能够执行多条指令。

1.3　普林斯顿结构和哈佛结构

普林斯顿结构和哈佛结构是根据计算机的运算内核与程序存储器和数据存储器的不同连接方式而加以区分的两种计算机体系结构。

普林斯顿结构也称冯·诺伊曼结构，如图 1-2 所示，它是一种将程序存储器和数据存储器合并在一起的计算机结构，也就是说，程序存储器和数据存储器共用一条地址总线和数据总线。由于程序指令存储地址和数据存储地址指向同一个存储空间的不同物理位置，因此程序指令和数据的宽度相同，例如英特尔 8086 处理器的程序指令和数据都是 16 位。

这种程序指令和数据共享同一总线的结构,使得信息流的传输成为限制计算机性能提升的瓶颈,也影响了数据处理速度的提高。

使用普林斯顿结构的处理器包括英特尔公司的 8086、Arm 公司的 Arm7、MIPS 公司的 MIPS 处理器等。

哈佛结构是一种将程序指令存储和数据存储分开的计算机结构,如图 1-3 所示,也就是说,程序存储器和数据存储器使用各自独立的地址总线和数据总线。运算内核首先到程序存储器中读取程序指令内容,解码后得到数据地址,再到相应的数据存储器中读取数据,并进行下一步的操作(通常是执行)。程序指令存储和数据存储分开,使程序指令和数据的数据宽度不同,如 Microchip 公司的 PIC16 芯片的程序指令是 14 位,而数据是 8 位。

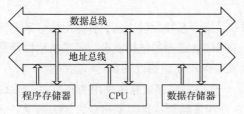

图1-2 普林斯顿结构简化示意图　　　　　图1-3 哈佛结构示意图

哈佛结构的处理器通常具有较高的执行效率,其独立的程序总线和数据总线使处理器很容易实现流水线操作,也就是在执行当前指令时可以预先读取下一条指令。使用哈佛结构的处理器有很多,例如 Microchip 公司的 PIC 单片机、ATMEL 公司的 AVR 单片机和 Arm 公司的 Arm9 内核之后的处理器等,8051 单片机也属于哈佛结构。

目前的高性能处理器的发展趋势是在芯片内部使用结构复杂、效率较高的哈佛结构,在芯片外部使用结构简单的普林斯顿结构。

本书使用的 STM32 微控制器使用了 Arm 公司的 Cortex-M3 内核,是一款采用哈佛结构的 RISC 处理器。

1.4　Arm 公司及其微处理器

目前,采用 Arm 公司内核的嵌入式系统占据了全球市场的绝对主导地位,我们先介绍一下 Arm 公司的发展历程。

1978 年 12 月,剑桥处理器公司(Cambridge Processing Unit)在英国剑桥创办,主要业务是为当地市场供应电子设备,1979 年合并其他公司后改名为 Acorn。

当时个人计算机刚刚兴起,英国广播公司(BBC)的一部名为《强大的微处理》(The Mighty Micro)的纪录片向电视观众介绍了计算机时代的到来。纪录片播出后引起巨大反响,BBC 决定向受到鼓舞的爱好者出售一款价格合适的国产计算机"BBC Micro",Acorn 公司赢得了生产"BBC Micro"的合同。产品推向市场后取得了意想不到的成功,预计销售 1.2 万台,结果却卖出了 150 万台,Acorn 初战告捷。

1982 年,Acorn 公司打算使用摩托罗拉公司的 16 位处理器芯片,但是发现这种芯片太慢也太贵,转而向 Intel 公司索要 80286 处理器芯片的设计资料却遭到拒绝,于是被迫开始自行研发。

1985 年,Acorn 设计了自己的第一代 32 位、主频为 6MHz 的 RISC 处理器,简称 ARM(Acorn

RISC Machine)。

1990 年 11 月，Acorn 公司正式改组为 Arm 计算机公司，苹果公司出资 150 万英镑、芯片厂商 VLSI 出资 25 万英镑、Acorn 则以 150 万英镑的知识产权和 12 名工程师入股。苹果公司使用 Arm610 芯片作为 Apple Newton PDA 的 CPU。

随着市场环境的变化，Arm 公司由一家微处理器芯片供应商转型为一家微处理器知识产权供应商。图 1-4 所示为 Arm 公司目前的商业运行模式，它并不出产具体的微处理器芯片，而是将微处理器运算内核的知识产权（Intellectual Property，IP）授权给合作伙伴（Partner），由合作伙伴加上各自的外设后制造成具体的芯片提供给下游客户。

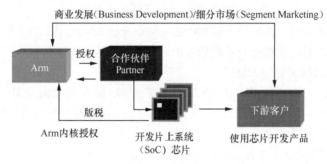

图1-4　Arm公司的商业运行模式

受公司自身财务状况影响，苹果公司后来逐步出售了其持有的 Arm 公司股份。

2010 年 6 月，苹果公司向 Arm 董事会表示有意以 85 亿美元的价格收购 Arm 公司，但遭到 Arm 董事会的拒绝。

2016 年 7 月，曾经投资阿里巴巴的韩裔日本商人孙正义创立的软银集团以 243 亿英镑收购了 Arm 公司。

1.5　Arm Cortex 系列处理器

Arm 处理器发展到现在，其内核架构已从 Arm v1 发展到 Arm v8。图 1-5 所示为具有代表性的 Arm v4 到 Arm v7 架构的进化图，其对应的内核命名也从 Arm7、Arm9 到了 Arm11。Arm 处理器内核进化到 Arm v7 架构后，已经不再沿用过去的数字命名方式，而是冠以 Cortex 的代号。

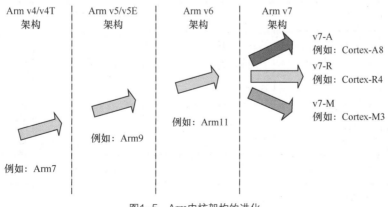

图1-5　Arm内核架构的进化

虽然 Arm7 仍然是一款普林斯顿结构的处理器，但是从 Arm9 开始，Arm 处理器已经成为典型的采用哈佛结构的 RISC 处理器。

Arm Cortex 系列处理器是基于 Arm v7 架构的，分为 Cortex-A、Cortex-R 和 Cortex-M 三个系列。基于 v7A 架构的处理器称为 Cortex-A 系列，基于 v7R 架构的处理器称为 Cortex-R 系列，基于 v7M 架构的处理器称为 Cortex-M 系列。

Cortex-A 系列处理器主要用于高性能场合，是针对日益增长的运行 Linux、Windows、Android 操作系统的移动互联设备和消费电子产品需求设计的。

Cortex-R 系列处理器主要用于实时性（Real Time）要求比较高的场合，针对的是需要运行实时操作系统来控制应用的系统，包括汽车电子、网络和影像系统。

Cortex-M 系列处理器则主要用于微控制器（Microcontroller，MCU）领域，是为那些对功耗和成本非常敏感，同时对性能要求不断增加的嵌入式应用（如汽车电子、家用电器、工业控制、医疗器械、玩具和无线网络等）设计的。

表 1-1 所示为 Cortex 内核推出的时间，其中 Cortex-M 系列已由 2004 年推出的 M3 内核发展到 2016 年推出的 M33 内核；Cortex-R 系列由 2011 年推出的 R4 内核发展到 2016 年推出的 R52 内核；Cortex-A 系列又分成了 32 位和 64 位两个子系列，由 2005 年推出的 A8 内核发展到 2017 年推出的 A55/A75 内核。

表 1-1　Cortex 内核推出的时间

时间/年	Cortex-M 系列	Cortex-R 系列	Cortex-A 系列	
			32 位	64 位
2004	Cortex-M3			
2005			Cortex-A8	
2006				
2007	Cortex-M1		Cortex-A9	
2008				
2009	Cortex-M0		Cortex-A5	
2010	Cortex-M4		Cortex-A15	
2011		Cortex-R4 Cortex-R5 Cortex-R7	Cortex-A7	
2012	Cortex-M0+			Cortex-A53 Cortex-A57
2013			Cortex-A12	
2014	Cortex-M7		Cortex-A17	

续表

时间/年	Cortex-M 系列	Cortex-R 系列	Cortex-A 系列	
			32 位	64 位
2015				Cortex-A35 Cortex-A72
2016	Cortex-M23 Cortex-M33	Cortex-R8 Cortex-R52	Cortex-A32	Cortex-A73
2017				Cortex-A55 Cortex-A75

本书主要关注用于微控制器领域的 Cortex-M 内核，图 1-6 所示是按照运算能力强弱排列的 Cortex-M 系列内核发展进化图，注意内核的序号并不代表内核推出的时间顺序。

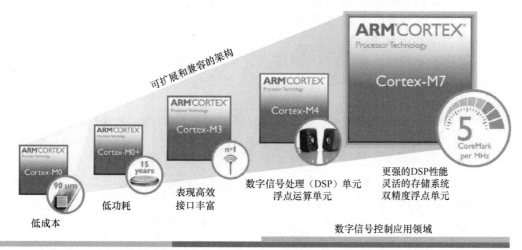

图1-6　Cortex-M内核的进化

Cortex-M3 内核于 2004 年 10 月发布，是面向普通嵌入式市场的高性能、低成本的 Arm 处理器；

Cortex-M1 内核于 2007 年 3 月发布，是专门面向现场可编程门阵列（Field Programmable Gate Array，FPGA）中应用设计实现的 Arm 处理器；

Cortex-M0 内核于 2009 年 2 月发布，目标是打造极低成本、极低功耗的 Arm 处理器，M0 内核并非 M3 内核的简化版，与采用哈佛结构的 M3 内核不同，M0 内核采用的是普林斯顿结构；

Cortex-M4 内核于 2010 年 2 月发布，在 M3 内核的基础上增加了浮点运算、数字信号处理（Digital Signal Processor，DSP）等功能，以满足数字信号控制市场的需求；

Cortex-M0+内核于 2012 年 3 月发布，在 M0 内核的基础上进一步降低了功耗并提高了性能；

Cortex-M7 内核于 2014 年 9 月发布，在 M4 内核的基础上进一步提升了计算性能和数字信号处理能力，主要面向高端嵌入式市场。

基于性能价格比考虑，目前市场上中端控制应用领域仍然以采用 Cortex-M3 系列处理器为主，其具有以下特点。

（1）Cortex-M3 的速度相对早期用于控制领域的 Arm7 快三分之一，功耗低四分之三。

（2）Cortex-M3 完全基于硬件进行中断处理，具有更快的中断速度。

（3）Cortex-M3 拥有非常高的性能和极低的中断延迟，支持多达 240 个外部中断，内建了嵌套向量中断控制器（Nested Vectored Interrupt Controller，NVIC）。

（4）Cortex-M3 的低成本、高效率再加上强大的位操作指令，使其非常适合数据通信应用，尤其是无线网络（如 ZigBee 和蓝牙通信等）。

（5）目前在市场上已经有很多基于 Cortex-M3 内核的处理器产品，最便宜的价格甚至低于 1 美元，非常适合对价格敏感的消费类电子产品。

1.6 　STM32F103 系列微控制器

STM32F10x 系列微控制器是由意法半导体公司（ST）于 2007 年 6 月推出的基于 Cortex-M3 内核开发生产的 32 位微控制器，专为高性能、低成本、低功耗的嵌入式应用设计。

图 1-7 所示为 STM32F10x 系列微控制器的存储及外设资源分布情况。根据资源分布的差异，STM32F10x 微控制器分为几个不同的系列。

（1）STM32F100 为"超值型"，主频最高达到 24MHz，具有电机控制和消费电子控制（Consumer Electronics Control，CEC）功能。

（2）STM32F101 为"基本型"，主频最高达到 36MHz，具有高达 1MB 的闪存。

（3）STM32F102 为"USB 基本型"，主频最高达到 48MHz，具有全速（Full Speed，FS）USB 接口。

（4）STM32F105/107 为"互联型"，主频最高达到 72MHz，具有以太网 MAC 层协议接口、CAN 总线接口和 USB 2.0 OTG 接口。

（5）STM32F103 为"增强型"，主频最高达到 72MHz，是同类产品中接口最完备、性能最强的。STM32F103 系列微控制器最多拥有 1MB 闪存（FLASH）存储空间和 96KB 内存，具备 GPIO、通用定时器、RTC、ADC、USART、SPI 等传统外设以及高级定时器、USB、SDIO、FSMC、DMA、DAC 等增强型外设。

产品线	FCPU (MHz)	FLASH (bytes)	RAM (KB)	USB 2.0 FS	USB 2.0 FS OTG	FSMC	CAN 2.0B	3-phase MC timer	I²S	SDIO	Ethernet IEEE1588	HDMI CEC
STM32F100	24	16KB~512KB	4~32			•		•		•		•
STM32F101	36	16KB~1MB	4~80			•						
STM32F102	48	16KB~128KB	4~16	•								
STM32F103	72	16KB~1MB	6~96	•		•	•	•	•	•		
STM32F105 STM32F107	72	64KB~256KB	64		•		•	•	•	•	•	

左侧文字：Cortex-M3 (DSP + FPU) - Up to 72 MHz；工作温度-40到105°C；USART，SPI，I²C；16/32位定时器；温度传感器；最多 3 个 12 位 ADC；双 12 位 DAC；低电压 2.0~3.6V；5V容忍 I/O 口

图1-7　STM32F10x系列微控制器的存储及外设资源分布

　　根据处理器芯片闪存容量的大小，STM32F103 系列微控制器又可以分为低密度芯片（16KB～32KB）、中密度芯片（64KB～128KB）、高密度芯片（256KB～512KB）、超高密度芯片（768KB～1MB）。表 1-2 所示为 STM32F103 系列微控制器按照闪存容量以及引脚数量不同列出的资源分布情况。

表 1-2　STM32F103 系列微控制器的资源分布

引脚数量	低密度芯片		中密度芯片		高密度芯片			超高密度芯片	
	16KB 闪存	32KB 闪存	64KB 闪存	128KB 闪存	256KB 闪存	384KB 闪存	512KB 闪存	768KB 闪存	1MB 闪存
	6KB RAM	10KB RAM	20KB RAM	20KB RAM	64KB RAM	64KB RAM	64KB RAM	96KB RAM	96KB RAM
144					5×USART、4×通用定时器、2×高级定时器、2×基本定时器、3×ADC、3×SPI、2×IIC、USB、CAN、DAC、SDIO、FSMC（100 和 144 个引脚）			5×USART、10×通用定时器、2×高级定时器、2×基本定时器、3×ADC、3×SPI、2×IIC、USB、CAN、DAC、SDIO、FSMC	
100									
64	2×USART、2×通用定时器、1×高级定时器、2×ADC、SPI、IIC、USB、CAN		3×USART、3×通用定时器、1×高级定时器、1×ADC、2×SPI、2×IIC、USB、CAN						
48									
36									

STM32F103 系列微处理器的具体型号可以通过图 1-8 进行查询。

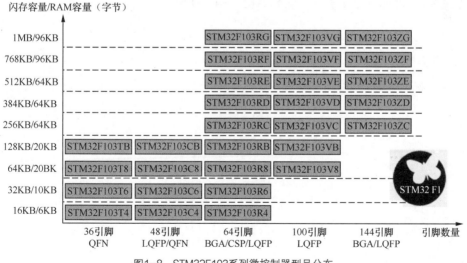

图1-8　STM32F103系列微控制器型号分布

　　本书采用的是增强型 STM32F103ZET6 微控制器芯片，下面以它为例简单介绍一下 STM32 微控制器的型号命名规则。

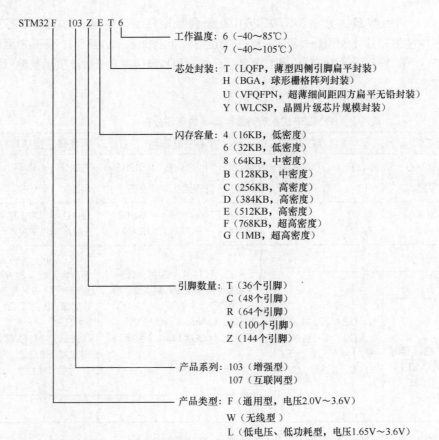

STM32 F 103 Z E T 6

工作温度：6（-40～85℃）
　　　　　7（-40～105℃）

芯处封装：T（LQFP，薄型四侧引脚扁平封装）
　　　　　H（BGA，球形栅格阵列封装）
　　　　　U（VFQFPN，超薄细间距四方扁平无铅封装）
　　　　　Y（WLCSP，晶圆片级芯片规模封装）

闪存容量：4（16KB，低密度）
　　　　　6（32KB，低密度）
　　　　　8（64KB，中密度）
　　　　　B（128KB，中密度）
　　　　　C（256KB，高密度）
　　　　　D（384KB，高密度）
　　　　　E（512KB，高密度）
　　　　　F（768KB，超高密度）
　　　　　G（1MB，超高密度）

引脚数量：T（36个引脚）
　　　　　C（48个引脚）
　　　　　R（64个引脚）
　　　　　V（100个引脚）
　　　　　Z（144个引脚）

产品系列：103（增强型）
　　　　　107（互联网型）

产品类型：F（通用型，电压2.0V～3.6V）
　　　　　W（无线型）
　　　　　L（低电压、低功耗型，电压1.65V～3.6V）

　　可见，我们使用的这款 STM32F103ZET6 是一款通用增强型、144 个引脚、闪存容量为 512KB 的高密度芯片，采用了 LQFP 封装，工作温度为-40～85℃。

Chapter 2

第 2 章
专题 2——实训项目使用的软硬件平台

学习目标

1. 了解实训项目使用的软件集成开发环境
2. 了解实训项目使用的仿真器
3. 了解实训项目使用的目标板及装置平台

2.1 实训项目使用的软件集成开发环境

对于本书实训项目使用的 STM32 芯片而言，意法半导体（ST）公司推出了多款支持其芯片的集成开发环境（Integrated Development Environment, IDE），如图 2-1 所示，考虑到 Cortex-M 内核芯片跨厂商平台的通用性，目前业界主流使用的集成开发环境仍然是 Keil-MDK-ARM 和

IAR-EWARM 两种。在开发项目的搭建、配置、编译、调试运行等流程上，两种环境都大同小异，本书选用的是 Keil-MDK-ARM。

Keil 是一家德国软件公司（现已被 Arm 公司收购），专注于提供微控制器集成开发工具，学习过 51 单片机的读者对该公司出品的 Keil-C51 应该不会陌生。

图2-1 ST公司推出的STM32集成开发环境（IDE）

Keil-MDK-ARM（简称 MDK）是目前 Arm Cortex-M 内核微控制器开发的主流工具，它提供了包括 C 编译器、宏汇编、连接器、库管理和一个功能强大的仿真调试器在内的完整开发方案，并通过一个集成开发环境μVision 将这些功能组合在一起。其界面和 Keil-C51 高度相似，对于学习过 C51 编程的读者而言，基本可以做到操作习惯上的无缝切换。

μVision 当前最新版本是μVision5，可以去 Keil 官网下载。需要特别指出的是，μVision5 的安装、使用相较于μVision4 在器件支持上有了很大的不同。在μVision5 安装成功后，软件会进入引导界面，选择使用者需要的器件支持包（Device Family Pack, DFP），由于网络的问题经常会出现安装失败的情况。如果遇到这种情况，建议读者单独下载器件支持包，然后离线安装。

本书使用的 STM32F103ZE 芯片的器件支持包为"Keil.STM32F1xx_DFP.2.2.0.pack"，进入

如图 2-2 所示的 Keil 官网下载页面后，向下滚动页面，在 Keil 分类中找到"STMicroelectronics STM32F1 Series Device Support"，单击后面的下载按钮，即可开始离线器件安装包的下载。

> STMicroelectronics BlueNRG Series Device Support　　　　　　　　　DFP　Deprecated 1.1.1 ⬇

> STMicroelectronics BlueNRG-1 Series Device Support　　　　　　　　DFP 1.2.0 ⬇

> STMicroelectronics BlueNRG-2 Series Device Support　　　　　　　　DFP 1.0.1 ⬇

> STMicroelectronics Nucleo Boards Support and Examples　　　　　　BSP 1.6.0 ⬇

> STMicroelectronics STM32F0 Series Device Support, Drivers and　　BSP DFP 2.0.0 ⬇

> STMicroelectronics STM32F1 Series Device Support, Drivers and　　BSP DFP 2.2.0 ⬇

> STMicroelectronics STM32F2 Series Device Support, Drivers and　　BSP DFP 2.9.0 ⬇

> STMicroelectronics STM32F3 Series Device Support and Examples　BSP DFP 2.1.0 ⬇

> STMicroelectronics STM32F4 Series Device Support, Drivers and　　BSP DFP 2.13.0 ⬇

> STMicroelectronics STM32F7 Series Device Support, Drivers and　　BSP DFP 2.11.0 ⬇

图2-2　STM32器件支持包的下载界面

在成功下载器件支持包后，启动μVision5。首先，单击图 2-3 中上侧圈中的"包安装"按钮，然后在弹出的对话框中单击图 2-3 下侧圈中的菜单项"Import"，选定要安装的器件支持包，即可完成整个安装工作。

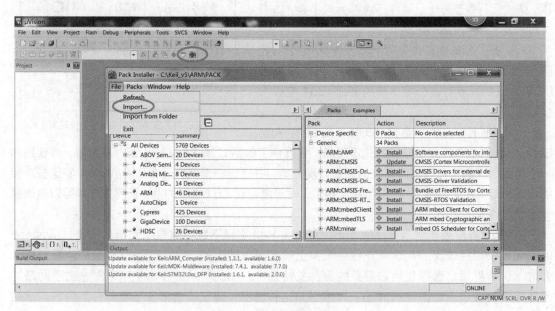

图2-3　器件支持包的安装

2.2　实训项目使用的仿真器

仿真器的作用是连接计算机（开发工具）与目标板（开发对象），将在计算机上编译完成的代码下载到目标板，并且在计算机上实现对代码的调试（Debug），如图 2-4 所示。

图2-4　计算机通过仿真器与目标板连接

2.2.1　仿真器分类

对于使用 Cortex-M 内核的 STM32 处理器而言，常用的仿真器有以下几种。

（1）J-Link 仿真器

J-Link 是 Segger 公司为支持仿真 Arm 内核芯片推出的 JTAG 仿真器。配合 Keil-MDK-ARM、IAR-EWARM、WINARM 等集成开发环境，可以支持所有 Arm7/Arm9/Arm11、Cortex M0/M1/M3/M4 以及 Cortex A5/A8/A9 等内核芯片的仿真，并且可以与编译环境无缝连接。作为一款通用性很强的开发工具，J-Link 在速度、效率、功能方面比较均衡。

（2）ULink 仿真器

ULink 是 Keil 公司推出的仿真器，其升级版本为 ULink2 和 ULink Pro。需要注意的是，ULink 只支持在 Keil-MDK-ARM 开发环境下使用，并不支持其他开发环境。

（3）ST-Link 等专用仿真器

ST-Link 是专门针对意法半导体公司生产的 STM8 和 STM32 系列芯片的仿真器，ST-Link/V2 兼容 JTAG/SWD 标准接口。其他芯片厂商（如 NXP、TI 等）也有自己的仿真器。

（4）CMSIS-DAP 仿真器

CMSIS-DAP 仿真器源于 Arm 公司的 Mbed 项目，是 Arm 官方推出的开源仿真器，支持所有的 Cortex-A/R/M 器件，以及 JTAG/SWD 接口。

相比前面三种仿真器，CMSIS-DAP 仿真器没有版权限制，所以价格非常便宜，而且无须驱动，即插即用。本书实训项目推荐使用 CMSIS-DAP 仿真器。

2.2.2　JTAG 和 SWD 接口

以上几种仿真器的最新版本，与目标板的连接大多使用 JTAG 和 SWD 接口，由于在 Keil-MDK-ARM 开发环境的仿真器配置中涉及相关参数的选择，下面做一个简单的介绍。

图 2-5 所示为仿真器兼容的 JTAG 与 SWD 接口。JTAG（Joint Test Action Group，联合测试工作组）是国际标准测试协议（IEEE1149.1），最初用于芯片内部测试，现在很多微处理器芯片都支持通过 JTAG 接口进行程序下载和调试。常用的 JTAG 接口的物理规格有 20 针、14 针、

10 针等，通用的是 20 针接口。

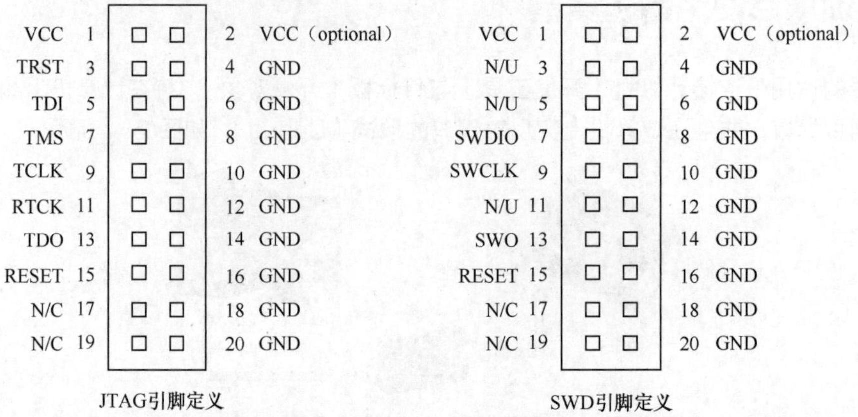

	JTAG引脚定义		SWD引脚定义

图2-5 仿真器兼容JTAG与SWD接口

如表 2-1 所示，标准 JTAG 接口有 7 根线（不含复位与电源），最少只需要前面 4 根线就可以完成程序下载及基本的调试工作。

表 2-1 标准 JTAG 接口的连接线

序号	名称	功能
1	TCK（Test Clock Input）	测试时钟
2	TMS（Test Mode Select Input）	测试模式选择
3	TDI（Test Data Input）	测试数据输入
4	TDO （Test Data Output）	测试数据输出
5	TRST（Test Reset Input）	测试复位输入
6	RTCK（Return Test Clock）	测试时钟返回
7	nSRST（System Reset）	目标系统复位

在 STM32 芯片内部固化有 JTAG 部件，仿真器对 JTAG 接口的支持也非常全面，程序下载速度较快。

SWD（Serial Wire Debug，串行线调试）是 Arm 公司开发的仿真调试接口。如表 2-2 所示，SWD 接口有 3 根线（不含复位和电源），最少只需要前面 2 根线就可以完成程序下载及基本的调试工作。相对于 JTAG 接口，使用 SWD 接口可以大大节约硬件端口资源。

表 2-2 标准 SWD 接口的连接线

序号	名称	功能
1	SWDIO（Serial Wire Data Input&Output）	串行数据输入/输出信号
2	SWCLK（Serial Wire Clock）	串行时钟信号
3	SWO（Serial Wire Output Trace Port）	串行输出跟踪端口

在 STM32 芯片内部固化有 SWD 部件，最新版本的仿真器也大都支持 SWD 接口，下载仿真速度较快。SWD 的物理接口兼容 JTAG，在集成开发环境的项目配置中可以选择仿真器的接口方式。

除了使用仿真器进行代码下载，STM32 芯片内部还固化了一段通过串口 1（USART1）进行软件下载的程序，可以实现所谓的在线可编程（In System Programming，ISP），不过使用这种方法进行程序下载速度较慢，也不能实现直观的程序仿真调试（可以通过串口输出等技巧实现一定程度的程序调试）。在性价比极高的开源仿真器日益普及的情况下，初学阶段并不推荐使用这种方法进行程序下载。

2.3 实训项目使用的目标板

本书实训项目使用的目标板是深圳普中科技有限公司出品的 STM32F103ZE 开发板，如图 2-6 所示，该开发板的板载资源比较全面，可以满足书中实训项目的需求，并可以支持进一步深入的学习。

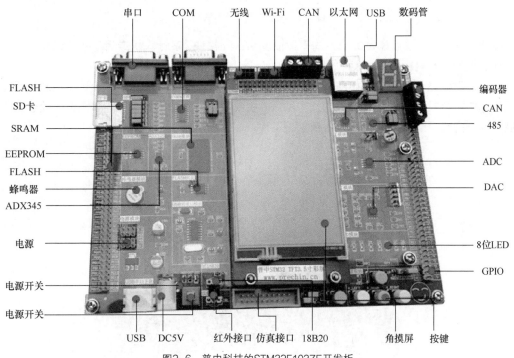

图2-6 普中科技的STM32F103ZE开发板

2.4 实训项目使用的帆板角度测量与控制装置

本书实训项目 1～实训项目 5 的内容比较基础，可以单独在 STM32 目标板上完成，从实训项目 6 开始需要在帆板角度测量与控制装置上完成。

该装置源自于 2011 年全国大学生电子设计竞赛中的高职高专组 F 题"帆板控制系统"。如图 2-7 所示，该题要求设计并制作一个帆板控制系统，通过对风扇转速的控制，调节风力大小，从而改变帆板转角并加以测量。

根据赛题的思路设计如下：帆板角度测量与控制装置通过改变 STM32 目标板输出脉冲宽度

调制（Pulse Width Modulation，PWM）信号的占空比来控制风扇的转速，从而改变帆板的偏转角度。电阻角度传感器采集帆板的角度，并送入 STM32 目标板的 A/D 转换电路进行处理，然后将相关的信息显示在 STM32 目标板的彩色 LCD 显示屏上。

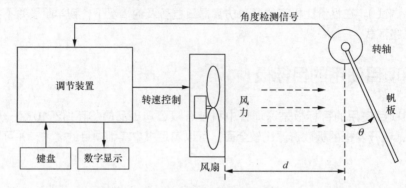

图2-7　帆板控制系统示意图

除此之外，还可以通过目标板上的串口以及 Wi-Fi 模块，在计算机或者手机移动端实现对风扇转速的控制以及帆板偏转角度的测量。

帆板角度测量与控制装置如图 2-8 所示，该装置由本书作者团队独立设计，在本书配套的电子资源中可以找到装置亚克力板的加工图纸、主要零配件的型号等内容，有需要的读者可以很方便地自行完成零配件采购和亚克力板加工工作。

图2-8　帆板角度测量与控制装置的实物照片

Chapter
3

专题 3——CMSIS 与 STM32 标准外设库

学习目标

1. 了解 CMSIS 的作用
2. 了解 STM32 标准外设库的使用方法

3.1 Arm Cortex 微控制器软件接口标准 CMSIS

Arm 公司的商业模式是为各个芯片厂商提供相同的运算内核，各个厂商则通过片上外设做出芯片差异，这种差异会导致程序软件在相同内核、不同厂商的微处理器芯片间移植困难。为了解决此问题，Arm 公司与下游芯片厂商一起制定了内核与外设、实时操作系统和中间设备之间的通用接口标准 CMSIS。

Arm Cortex 微控制器软件接口标准（Cortex Microcontroller Software Interface Standard，CMSIS）是 Cortex-M 系列处理器与供应商无关的硬件抽象层，使用 CMSIS 可以为处理器和外设实现一致且简单的软件接口，从而简化软件的重用和移植、缩短微控制器开发人员的学习过程、缩短产品和工程的研发时间。

CMSIS 可以分为多个软件层次，分别由 Arm 公司和芯片厂商提供，一个典型的基于 CMSIS 应用程序的基本结构如图 3-1 所示。

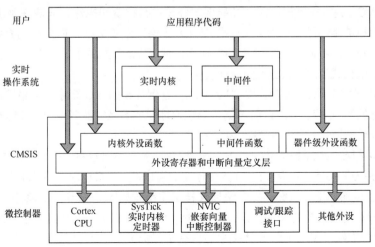

图3-1 基于CMSIS应用程序的基本结构

CMSIS 的内核外设函数包括用于访问内核寄存器以及内核外设寄存器的名称、地址定义，主要由 Arm 公司提供。

外设寄存器和中断向量定义层则提供了片上的核外外设的地址和中断定义，主要由芯片厂商提供。

可以看到，CMSIS 位于微控制器外设和用户应用程序之间，为用户提供与具体芯片厂商无关的统一的硬件驱动接口，通过对用户屏蔽具体硬件之间的差异，方便软件的移植。

3.2 关于 STM32 的标准外设库

所有的微处理器编程都是对处理器内部的各种控制寄存器进行操作。在结构相对简单的 8 位乃至 16 位单片机中，控制寄存器的数量不多，每个寄存器的位数也仅仅是 8 位或者 16 位。在这种情况下，编程往往就是使用汇编语言或者 C 语言对寄存器直接进行读写操作。

但是，在 32 位的 STM32 微控制器中，由于内核与外设的复杂程度以及功能的增强，控制寄存器的数量非常庞大，每个寄存器的位数也变成了 16 位乃至 32 位。在这种情况下，直接对寄存器进行读写操作需要记忆和查询的工作量将变得十分巨大，无疑会严重影响软件开发的效率。

那么，有没有比较便捷的方法来解决这一困扰呢？答案是肯定的。熟悉 C 语言编程的读者，对于 C 语言标准输入/输出库（standard input & output，stdio）一定不会陌生。例如，在 C 语言程序设计中经常用到的 printf()以及 sprintf()函数，就是标准输入/输出库中封装的函数。

在使用 C 语言标准输入/输出库时，有以下两个要点需要把握和领悟。

首先，需要在代码中加入语句：#include <stdio.h>，将标准输入/输出库的头文件包含进来；

其次，使用标准输入/输出库中的具体函数时，只需要了解该函数的作用、函数参数及返回值的意义和使用方法，并不需要关心函数代码具体是如何实现的。

以上两个要点和使用习惯上的延伸，对于我们快速掌握 STM32 标准外设库（也称为固件库）的使用方法是很有帮助的。

为了减轻 STM32 微控制器程序设计人员的编程负担，提高编程效率，意法半导体公司（ST）组织技术人员按照 CMSIS 标准为 STM32 微控制器中各个外设（包括核内外设和核外外设）的操作，编写了比较规范和完备的 C 语言标准外设驱动函数。

在使用 STM32 进行程序设计时，如果要对外设进行配置和操作，只需按照函数使用说明，调用这些外设的标准驱动函数即可，并不需要深入了解这些函数在代码层面的具体实现细节。

这些驱动函数按照不同外设的分类编排在不同的 C 语言文件中，并对应有各自的头文件，这些文件的集合就构成了 STM32 的标准外设库。

STM32 标准外设库历经 2.0 版本、3.2 版本，直到现在的 3.5 版本。虽然 ST 公司后来又推出了更为抽象化的 HAL 库，但是目前占据市场统治地位的 STM32F10x 和 STM32F40x 系列微控制器芯片的编程仍然以采用标准外设库为主流。

既然 STM32 标准外设库是按照 CMSIS 标准编写的，我们可以对图 3-1 的内容进行具体化，如图 3-2 所示。结合后面有关具体外设库文件功能的介绍，可以进一步系统地了解标准外设库的组织结构。

ST 公司提供的 STM32F10x 标准外设库文档组织结构如图 3-3 所示，其中，CMSIS 文件夹中是与 Cortex-M 内核相关的文件。STM32F10x_StdPeriph_Driver 文件夹中存放的是标准外设库的源代码和相应的头文件。src 文件夹中包含有全部标准外设库的源代码，每个外设对应一个源代码文件，如图 3-4 所示。

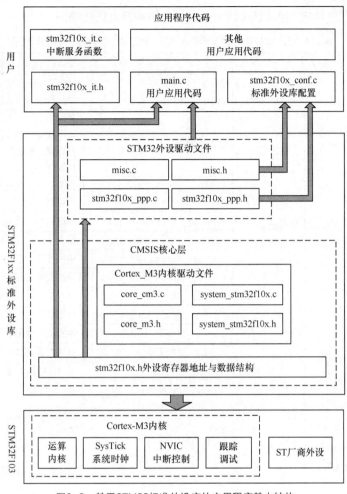

图3-2　基于STM32标准外设库的应用程序基本结构

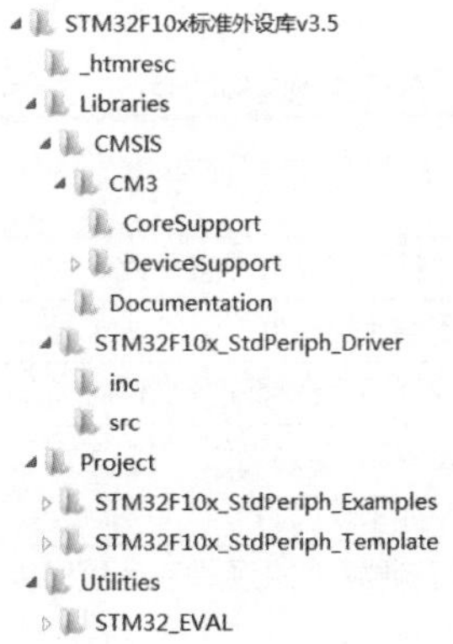

图3-3　标准外设库的文档组织结构

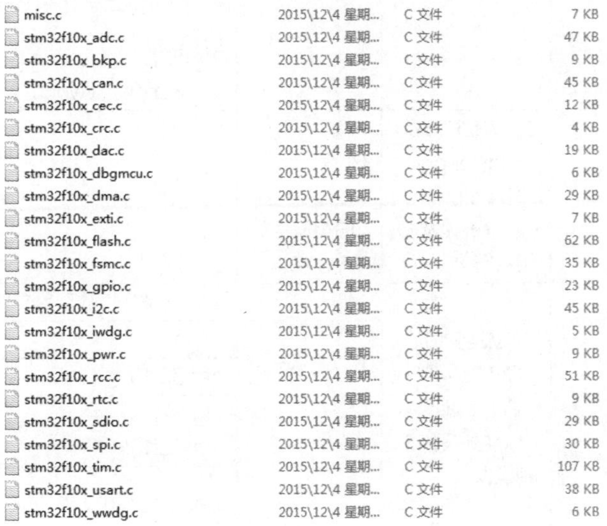

图3-4　ST标准外设库的源代码文件

表 3-1 列出了 STM32 标准外设库主要文件的结构及其功能描述。

表 3-1　STM32F10x 标准外设库主要文件的结构及其功能描述

文件夹			主要文件	功能描述
Libraries	CMSIS	Core -Support	core_cm3.c core_cm3.h	访问 Cortex-M3 内核及设备（NVIC、SysTick 等）的变量和函数
		Device -Support	stm32f10x.h	STM32F10x 微控制器所有外设寄存器的定义（寄存器的基地址和布局）、位定义、中断向量表、存储空间的地址映射等
			system_stm32f10x.c system_stm32f10x.h	微控制器初始化函数和系统时钟频率的设置
			startup_stm32f10x_cl.s	互联网型芯片启动代码文件
			startup_stm32f10x_ld.s	低密度芯片启动代码文件
			startup_stm32f10x_md.s	中密度芯片启动代码文件
			startup_stm32f10x_hd.s	高密度芯片启动代码文件
			startup_stm32f10x_xl.s	超高密度芯片启动代码文件
			startup_stm32f10x_ld_vl.s	低密度超值型芯片启动代码文件
			startup_stm32f10x_md_vl.s	中密度超值型芯片启动代码文件
			startup_stm32f10x_hd_vl.s	高密度超值型芯片启动代码文件
	STM32F10x _StdPeriph _Driver	inc	misc.h	NVIC 中断管理函数的头文件
			stm32f10x_adc.h stm32f10x_bkp.h ...... stm32f10x_usart.h stm32f10x_wwdg.h	STM32F10x 微控制器外设驱动函数的头文件
		src	misc.c	NVIC 中断管理函数
			stm32f10x_adc.c stm32f10x_bkp.c ...... stm32f10x_usart.c stm32f10x_wwdg.c	STM32F10x 微控制器外设驱动函数
Project	STM32F10x _StdPeriph _Examples （标准外设库应用实例）	ADC BKP ...... USART WWDG		各个外设应用实例的源代码文件
	STM32F10x _StdPeriph _Template （标准外设库应用模板）	MDK_ARM	集成开发环境的项目文件	推荐将项目文件放置于此
			main.c	应用源代码文件
			stm32f10x_conf.h	标准外设库选择配置文件
			stm32f10x_it.c stm32f10x_it.h	外设中断函数文件，用户可以根据需要添加函数代码
			system_stm32f10x.c	微控制器初始化函数和系统时钟频率的设置
Utilities	STM32_EVAL			STM32 评估板资源文件夹

　　原则上，标准外设库 Libraries 文件夹中的文件是不能随意修改的，对于标准外设库中资源的调配和参数设置，应该在表 3-1 中 STM32F10x_StdPeriph_Template（标准外设库应用模板）文件夹中的那些加粗的文件中完成，下面分别加以介绍。

　　（1）main.c 文件：推荐在此文件中包括 main()函数在内的用户应用代码，当然也可以根据项目的复杂程度添加其他的应用代码。

　　（2）stm32f10x_conf.h 文件：在这个文件中用 "#include" 宏指令配置项目所要用到的外设驱动函数库。

　　例如：在一个简单的 LED 亮灭控制的项目中，只需要用到外设 RCC 的驱动库和 GPIO 的驱动库，则此文件中的关键代码如下。

stm32f10x_conf.h 文件的关键代码

```
/* Includes ------------------------------------------------------------*/
/* Uncomment/Comment the line below to enable/disable peripheral header
file inclusion */
//#include "stm32f10x_adc.h"
//#include "stm32f10x_bkp.h"
//#include "stm32f10x_can.h"
//#include "stm32f10x_cec.h"
//#include "stm32f10x_crc.h"
//#include "stm32f10x_dac.h"
//#include "stm32f10x_dbgmcu.h"
//#include "stm32f10x_dma.h"
//#include "stm32f10x_exti.h"
//#include "stm32f10x_flash.h"
//#include "stm32f10x_fsmc.h"
#include "stm32f10x_gpio.h"
//#include "stm32f10x_i2c.h"
//#include "stm32f10x_iwdg.h"
//#include "stm32f10x_pwr.h"
#include "stm32f10x_rcc.h"
//#include "stm32f10x_rtc.h"
//#include "stm32f10x_sdio.h"
//#include "stm32f10x_spi.h"
//#include "stm32f10x_tim.h"
//#include "stm32f10x_usart.h"
//#include "stm32f10x_wwdg.h"
//#include "misc.h" /* High level functions for NVIC and SysTick (add-on
to CMSIS functions) */
```

　　可以看到，除了 stm32f10x_gpio.h 和 stm32f10x_rcc.h 头文件被包含（#include）外，其他头文件的包含指令均被注释掉。

　　需要注意的是，项目使用的外设驱动库头文件必须被包含（#include），项目未使用的外设驱动库头文件也可以被包含，并不影响最后的编译和运行结果，只是会占用较长的编译时间而已。

（3）stm32f10x_it.c（/.h）文件：推荐在此文件中编写中断服务函数，文件中已经定义了一些系统异常中断服务函数（函数内容为空），其他外设中断服务函数则需要自行添加。

STM32 标准外设库中断服务函数的名称（接口）已经规定好了，可以在相应的汇编语言启动文件中找到。下面是高密度芯片启动代码文件 startup_stm32f10x_hd.s 中关于中断服务函数名称的定义。

高密度芯片启动代码文件 startup_stm32f10x_hd.s 中关于中断服务函数名称的定义（汇编语言）

```
__Vectors       DCD     __initial_sp                ; Top of Stack
                DCD     Reset_Handler               ; Reset Handler
                DCD     NMI_Handler                 ; NMI Handler
                DCD     HardFault_Handler           ; Hard Fault Handler
                DCD     MemManage_Handler           ; MPU Fault Handler
                ; ......中间省略
                DCD     0                           ; Reserved
                DCD     PendSV_Handler              ; PendSV Handler
                DCD     SysTick_Handler             ; SysTick Handler
                ; 以上为系统异常中断服务函数命名
                ; External Interrupts，以下为外设中断服务函数命名
                DCD     WWDG_IRQHandler             ; Window Watchdog
                DCD     PVD_IRQHandler
                ; PVD through EXTI Line detect
                DCD     TAMPER_IRQHandler           ; Tamper
                DCD     RTC_IRQHandler              ; RTC
                DCD     FLASH_IRQHandler            ; FLASH
                DCD     RCC_IRQHandler              ; RCC
                DCD     EXTI0_IRQHandler            ; EXTI Line 0
                DCD     EXTI1_IRQHandler            ; EXTI Line 1
                ; ......中间省略
                DCD     TIM5_IRQHandler             ; TIM5
                DCD     SPI3_IRQHandler             ; SPI3
                DCD     UART4_IRQHandler            ; UART4
                DCD     UART5_IRQHandler            ; UART5
                DCD     TIM6_IRQHandler             ; TIM6
                DCD     TIM7_IRQHandler             ; TIM7
                DCD     DMA2_Channel1_IRQHandler    ; DMA2 Channel1
                DCD     DMA2_Channel2_IRQHandler    ; DMA2 Channel2
                DCD     DMA2_Channel3_IRQHandler    ; DMA2 Channel3
                DCD     DMA2_Channel4_5_IRQHandler  ; DMA2 Channel4 & Channel5
__Vectors_End
```

需要注意的是，在实际编程过程中，也经常会将中断服务函数的源代码放在其他文件中，并非强制要求放在 stm32f10x_it.c 文件中。

（4）system_stm32f10x.c 文件：此文件中定义了芯片初始化函数 SystemInit（），其主要作用是配置系统时钟频率，包括选择时钟源、确定 PLL 电路的倍频系数等。

文件中涉及配置芯片系统主频的关键代码如下。

system_stm32f10x.c 文件中配置芯片系统主频的关键代码

```
#if defined (STM32F10x_LD_VL) || (defined STM32F10x_MD_VL) || (defined
STM32F10x_HD_VL)
/* #define SYSCLK_FREQ_HSE     HSE_VALUE */
 #define SYSCLK_FREQ_24MHz  24000000
#else
/* #define SYSCLK_FREQ_HSE     HSE_VALUE */
/* #define SYSCLK_FREQ_24MHz   24000000 */
/* #define SYSCLK_FREQ_36MHz   36000000 */
/* #define SYSCLK_FREQ_48MHz   48000000 */
/* #define SYSCLK_FREQ_56MHz   56000000 */
#define SYSCLK_FREQ_72MHz  72000000
#endif
```

以上代码通过注释掉不同的"#define"宏定义，将超值型芯片的系统主频配置为 24MHz，将非超值型芯片的系统主频配置为 72MHz，也就是 STM32F10x 芯片的最高主频。

这里要注意，system_stm32f10x.c 文件的原始位置是在 CMSIS 内核文件夹中，我们编程时应该尽量避免对 STM32 标准外设库文件夹中的文件进行任何形式的修改，所以很多时候会将修改了默认主频后的此文件改为存放在用户应用代码文件夹中。

3.3　STM32 标准外设库的命名规则

STM32 标准外设库中包含了很多变量定义和功能函数，如果不能了解它们的命名规范和使用规律，将会给编程带来很大的麻烦。本节将主要介绍 STM32 标准外设库中的相关规范，让我们可以更加灵活地使用标准外设库，增强程序的规范性和易读性，同时，标准外设库中的这种规范也值得我们在编程时借鉴。

STM32 标准外设库中的主要外设均采用了缩写的形式，通过表 3-2 中的缩写可以很容易辨认对应的外设。

表 3-2　STM32 标准外设库中的外设缩写

缩写	外设名称	缩写	外设名称
ADC	模数转换器	GPIO	通用输入/输出
BKP	备份寄存器	I2C	I2C 接口
CAN	控制器局域网模块	IWDG	独立"看门狗"
CEC	消费电子控制单元	PWR	电源/功耗控制
CRC	CRC 计算单元	RCC	复位与时钟控制器
DAC	数模转换器	RTC	实时时钟
DBGMCU	调试支持	SDIO	SDIO 接口
DMA	直接存储器存取控制器	SPI	串行外设接口
EXTI	外部中断事件控制器	TIM	定时器
FLASH	闪存存储器	USART	通用同步/异步收发器
FSMC	灵活的静态存储器控制器	WWDG	窗口"看门狗"

STM32 标准外设库遵循以下命名规则。

（1）PPP 表示任一外设缩写，例如：ADC。

（2）源程序文件和头文件命名都以"stm32f10x_"开头，例如：stm32f10x_conf.h。

（3）常量仅用于一个文件的，定义于该文件中；用于多个文件的，在对应头文件中定义，所有常量都由大写英文字母组成。

（4）寄存器作为常量处理，其命名都由大写英文字母组成，在大多数情况下，寄存器采用与标准外设库缩写一致的规范。

（5）驱动函数的命名以该外设的缩写加下划线开头，每个单词的第一个字母都为大写英文字母，例如：SPI_SendData。在函数名中，只允许存在一个下划线，用于分隔外设缩写和函数名的其他部分。

STM32 标准外设库驱动函数的命名规则如表 3-3 所示。

表 3-3　STM32 标准外设库驱动函数命名规则

函数名称	函数功能	举例
PPP_Init	根据 PPP_InitTypeDef 结构中指定的参数，初始化外设 PPP	TIM_Init()
PPP_DeInit	复位外设 PPP 的所有寄存器为默认值	TIM_DeInit()
PPP_StructInit	通过设置 PPP_InitTypeDef 结构中的各种参数来定义外设的功能	USART_StructInit()
PPP_Cmd	使能或者禁用外设 PPP	SPI_Cmd()
PPP_ITConfig	使能或者禁用来自外设 PPP 的某中断源	RCC_ITConfig()
PPP_DMAConfig	使能或者禁用外设 PPP 的 DMA 接口	TIM1_DMAConfig()
PPP_GetFlagStatus	检查外设 PPP 某标志位设置与否	I2C_GetFlagStatus()
PPP_ClearFlag	清除外设 PPP 标志位	I2C_ClearFlag()
PPP_GetITStatus	判断来自外设 PPP 的中断发生与否	I2C_GetITStatus()
PPP_ClearITPendingBit	清除外设 PPP 中断待处理标志位	I2C_ClearITPendingBit()

这样的命名方式非常便于程序的编写和阅读。以 STM32 标准外设库中的驱动函数为示例，下面摘录了 STM32F10x_StdPeriph_Examples\ADC\3ADCs_DMA\mian.c 中的一段程序代码加以说明。

ADC_DMA 例程代码节选

```
1.    DMA_InitType Def DMA_InitStructure;
2.
3.    DMA_DeInit(DMA1_Channel1);
4.    DMA_InitStructure.DMA_PeripheralBaseAddr = ADC1_DR_Address;
5.    DMA_InitStructure.DMA_MemoryBaseAddr = (uint32_t)&ADC1ConvertedValue;
6.    DMA_InitStructure.DMA_DIR = DMA_DIR_PeripheralSRC;
7.    DMA_InitStructure.DMA_BufferSize = 1;
8.    DMA_InitStructure.DMA_PeripheralInc = DMA_PeripheralInc_Disable;
9.    DMA_InitStructure.DMA_MemoryInc = DMA_MemoryInc_Disable;
10.   DMA_InitStructure.DMA_PeripheralDataSize = DMA_PeripheralDataSize_
HalfWord;
```

```
11.    DMA_InitStructure.DMA_MemoryDataSize = DMA_MemoryDataSize_HalfWord;
12.    DMA_InitStructure.DMA_Mode = DMA_Mode_Circular;
13.    DMA_InitStructure.DMA_Priority = DMA_Priority_High;
14.    DMA_InitStructure.DMA_M2M = DMA_M2M_Disable;
15.    DMA_Init(DMA1_Channel1, &DMA_InitStructure);
16.
17.    DMA_Cmd(DMA1_Channel1, ENABLE);
```

这段程序完成了 DMA1 通道的配置，代码第 1 行首先定义了用于 DMA 初始化的结构体变量
DMA_InitStructure。

代码第 4~14 行配置结构体变量 DMA_InitStructure 的各个成员的取值，各个成员的命名方
式也均遵循约定的命名规则，从命名就能够很容易地看出各结构体成员对应的具体功能。

结构体成员配置完成后，代码第 15 行调用 DMA 初始化函数 DMA_Init(DMA1_Channel1,
&DMA_InitStructure)，完成外设 DMA1 的初始化配置。

代码第 17 行调用函数 DMA_Cmd(DMA1_Channel1, ENABLE)，使能 DMA1 的通道 1
（ Channel1 ）。

从这个例子可以看出，STM32 标准外设库规范化的命名规则给阅读和编写代码带来了很大
的便利。

Chapter 4

第4章
专题4——STM32 嵌入式 C 语言编程的特点

1. 了解嵌入式 C 语言编程中宏指令的使用
2. 了解嵌入式 C 语言编程中的几个重要关键字
3. 了解基于 STM32 标准外设库的嵌入式 C 语言编程的基本数据类型
4. 了解基于 STM32 标准外设库的嵌入式 C 语言编程中结构体和指针的重要性
5. 了解 C 语言编程的代码格式与命名规范

本专题的目的不是全面学习 C 语言的基础编程知识，而是结合基于 STM32 标准外设库的编程，重点强调嵌入式 C 语言编程的特点。

4.1 宏指令的使用及其意义

C 语言的宏指令与 C 语言的编译预处理是密不可分的。所谓预处理，是指在进行 C 语言编译的第一遍扫描（词法扫描和语法分析）之前所做的工作。预处理是 C 语言编译的一个重要功能，它由预处理指令即宏指令完成。当对一个 C 语言源代码文件进行编译时，系统将自动引用宏指令对源代码中的预处理部分进行处理，处理完毕后自动进入对源代码程序的编译。

宏指令以"#"开头，例如"文件包含"宏指令#include、"宏定义"指令#define 等。在源代码程序中，这些命令都放在函数之外，一般放在源代码文件的前面，称为预处理部分。

常用的宏指令如表 4-1 所示。

表 4-1　常用宏指令功能介绍

宏指令	功能
#include	文件包含命令
#define	宏定义
#undef	取消宏定义
#if	编译预处理中的条件命令，相当于 C 语言中的 if 语句
#ifdef	判断某个宏是否被定义，若已定义，则执行随后的语句
#ifndef	与#ifdef 相反，判断某个宏是否未被定义

续表

宏指令	功能
#elif	若#if、#ifdef、#ifndef 或前面的#elif 条件不满足，则执行#elif 之后的语句，相当于 C 语言中的 else-if
#else	若#if、#ifdef、#ifndef 条件不满足，则执行#else 之后的语句，相当于 C 语言中的 else 语句
#endif	#if、#ifdef、#ifndef 的结束标志

下面分别对几个常用宏指令加以说明。

（1）#include 指令

#include 叫作"文件包含"指令。编译器发现 #include 指令后，就会寻找指令后面的文件名，并把这个文件的内容包含到当前文件中。被包含文件中的文本将替换源代码文件中的#include 指令，就像把被包含文件中的全部内容复制并粘贴到源文件中的#include 指令所在位置一样。

#include 指令有如下两种形式：

```
#include "文件名"
#include <文件名>
```

这两种形式有以下区别：

首先，使用尖括号表示编译系统会到系统头文件存放的目录路径去搜索系统头文件，而不是在源文件目录中查找；

其次，使用双引号表示编译系统首先在当前的源文件目录中查找，若未找到才会到系统头文件存放的目录路径去搜索系统头文件。

简而言之，系统定义的头文件通常使用尖括号，用户自定义的头文件通常使用双引号。

文件包含命令可以出现在文件的任何位置，但通常集中放置在文件的开头处。

一条#include 命令只能指定一个被包含的文件，但文件包含允许嵌套，即在一个被包含的文件中又可以包含另一个文件。

例如，由于标准外设库文件"stm32f10x.h"中存放了 STM32 所有外设寄存器的定义（寄存器的基地址和布局）、位定义、中断向量表、存储空间的地址映射等信息，所以所有的标准外设库头文件的第一行宏指令都是：

```
#include "stm32f10x.h"
```

（2）#define 指令

C 语言中允许用一个标识符来表示一个字符串，称为宏定义。宏定义的格式如下：

```
#define 标识符（宏名） 字符串
```

被定义为"宏"的标识符称为"宏名"。在编译预处理时，对代码中出现的所有"宏名"，都会用宏定义中的字符串去代换，称之为"宏代换"或"宏展开"。

例如，在 STM32 标准外设库文件"stm32f10x.h"中有以下宏指令：

```
#define FLASH_BASE ((uint32_t)0x08000000)
```

表示将闪存存储器的基地址（地址区间的首地址）0x08000000 定义为 FLASH_BASE，这样的宏定义可以将枯燥的、看起来毫无意义的地址数字用字面意义明确的单词或字母组合来表示，也就是见名知意，方便编程者阅读和理解。

在嵌入式 C 语言编程中，宏定义除了用于常量（数字）和变量外，还经常用于函数，即以明确的单词来表示一个特定的动作。例如，下面两个宏定义：

```
#define LED1_OFF        GPIO_SetBits(GPIOC, GPIO_Pin_0)
#define LED1_ON         GPIO_ResetBits(GPIOC, GPIO_Pin_0)
```

经过以上宏定义后，可以在代码中用"LED1_OFF"表示熄灭 LED1、用"LED1_ON"表示点亮 LED1，显然要直观和方便得多。

宏定义还可以只有一个标识符（宏名），但需要配合#ifndef 和#endif 指令一起加以说明。

（3）#ifndef 和#endif 指令

前面提到过，所有的 STM32F10x 标准外设库的外设驱动头文件中都使用#include 宏指令包含了文件"stm32f10x.h"，如果编程时使用到了多个外设驱动库，那么必须将对应外设驱动的头文件都包含进源代码中。但是 C 语言编译器是不允许重复包含同一文件的，为了避免出现这种情况，在每个外设驱动头文件的开始位置都会添加宏指令#ifndef 和#define，在结束位置都会添加宏指令#endif。头文件完整的代码结构如下：

```
#ifndef __STM32F10x_H
#define __STM32F10x_H
……代码主体内容
#endif /* __STM32F10x_H */
```

这样一来，C 语言编译器在编译时，首先在第一行通过#ifndef 宏指令判断"__STM32F10x_H"是否被宏定义过，如果文件第一次被包含，显然未被宏定义过，那么执行第二行的宏定义"__STM32F10x_H"，然后执行后面的语句。

如果第一行指令判断"__STM32F10x_H"已经被宏定义过，则表明文件被重复包含，此时 C 语言编译器会略过后续指令，直接跳转到最后一行的#endif，从而有效避免文件主体内容被重复编译。

为了避免重复包含，建议在所有头文件中都采用这种宏指令结构。

4.2 STM32 嵌入式 C 语言编程中几个重要关键字

和简单的 C51 编程不同，在基于标准外设库的 STM32 嵌入式 C 语言编程中，会高频使用到几个重要的关键字，下面分别加以说明。

（1）typedef

关键字 typedef 的作用是为一种数据类型定义一个新名字，这里的数据类型包括内部数据类型（如 int、char 等）和自定义数据类型（如 struct 等）。

在编程中使用 typedef 的目的一般有两个，首先是给变量起一个容易记忆且意义明确的新名字，其次是简化一些比较复杂的类型声明。

例如，下面这行代码：

```
typedef long byte_4;
```

的作用是给已知数据类型 long（占据 4 个字节）起一个新名字 byte_4，这样就可以在编程中用 byte_4 来修饰一个 long 类型的变量，而且从字面上能够很清晰地知道此变量占了 4 个字节。

再例如，下面这段代码就表示了比较复杂的 typedef 与结构体的联合使用：

```
typedef struct tagMyStruct
{
```

```
    int  num;
    long  length;

}MyStruct;
```

这段代码实际上完成两个操作，首先是定义一个名为 tagMyStruct 的新结构体类型：

```
struct  tagMyStruct
{
    int  num;
    long  length;
};
```

接下来可以用语句：

```
struct tagMyStruct varName;
```

来定义一个结构体变量 varName。这里需要特别强调，使用以下语句：

```
tagMyStruct varName;
```

来定义变量是不对的，因为 struct 和 tagMyStruct 一起使用才能表示一个结构体类型。

然后 typedef 为这个新的结构体起了一个名字，叫 MyStruct：

```
typedef struct tagMyStruct MyStruct;
```

MyStruct 实际上相当于 struct tagMyStruct，于是可以使用语句：

```
MyStruct varName;
```

来定义一个结构体变量 varName。

（2）volatile

关键字 volatile 也称为易失性，它会影响到编译器的编译结果，其作用是通知编译器被 volatile 修饰的变量是随时可能发生变化的，与 volatile 变量有关的运算不要进行优化以免出错。

关键字 volatile 修饰的变量包括指向硬件寄存器（如状态寄存器）的变量、可能会被中断服务子程序改写的变量、多线程应用中被几个任务共享的变量等。

由于嵌入式程序员经常要同硬件、中断、RTOS（实时操作系统）等打交道，未能正确掌握关键字 volatile 的使用方法将会带来严重后果。毫不夸张地说，这可能是区分普通 C 语言编程和嵌入式 C 语言编程的最基本之处。

（3）const

在定义变量的时候，如果加上关键字 const，则变量值在程序运行期间不能改变，当然也不能再赋值了。这种变量称为常变量（constant variable）或只读变量（read only variable）。

编译器在遇到 const 关键字时，一般会将其修饰的常变量放置于程序存储器中。例如，以下的 ASCⅡ码 8×16 点阵字库数组在编译后会位于 STM32 微控制器的片内闪存存储器中。

ASCⅡ码 8×16 点阵字库（局部）

```
uint8_t const ASCII8x16[95][16] =
{
    //字符：空格
    {
        0x00,0x00,0x00,0x00,0x00,0x00,0x00,0x00,0x00,0x00,0x00,0x00,0x00,
0x00,0x00,0x00,
    },
```

```
        //字符:!
        {
            0x00,0x00,0x00,0x10,0x10,0x10,0x10,0x10,0x10,0x10,0x00,0x00,0x18,
0x18,0x00,0x00,
        },
        ……
        //中间省略
        ……
        //字符: y
        {
            0x00,0x00,0x00,0x00,0x00,0x00,0x00,0xE7,0x42,0x24,0x24,0x28,0x18,
0x10,0x10,0xE0,
        },

        //字符:z
        {
            0x00,0x00,0x00,0x00,0x00,0x00,0x00,0x7E,0x44,0x08,0x10,0x10,0x22,
0x7E,0x00,0x00,
        },
    } ;
```

4.3 STM32 嵌入式 C 语言编程的基本数据类型

基本数据类型包括两方面的定义，一是 Keil-MDK-ARM C 语言编译器的数据类型，在 MDK 的帮助文件中可以找到表 4-2 中列出的数据类型定义。

表 4-2　MDK C 语言编译器的数据类型

数据类型	字节数
char	1
short	2
float, int, long	4
long long, double, long double	8

二是 STM32 标准外设库规定的数据类型，又分成 3.0 版本标准外设库使用的数据类型和 3.0 版本以后标准外设库使用的 CMSIS 数据类型。3.0 以后版本与之前版本的数据类型有所不同，但是两部分数据类型仍然能够兼容。在标准外设库文件"stm32f10x.h"中可以找到以下这段代码。

标准外设库文件"stm32f10x.h"中与数据类型兼容性相关的代码

```
typedef int32_t   s32;
typedef int16_t  s16;
typedef int8_t   s8;
```

```
typedef const int32_t sc32;  /*!< Read Only */
typedef const int16_t sc16;  /*!< Read Only */
typedef const int8_t sc8;    /*!< Read Only */

typedef __IO int32_t  vs32;
typedef __IO int16_t  vs16;
typedef __IO int8_t   vs8;

typedef __I int32_t vsc32;  /*!< Read Only */
typedef __I int16_t vsc16;  /*!< Read Only */
typedef __I int8_t vsc8;    /*!< Read Only */

typedef uint32_t  u32;
typedef uint16_t  u16;
typedef uint8_t   u8;

typedef const uint32_t uc32;  /*!< Read Only */
typedef const uint16_t uc16;  /*!< Read Only */
typedef const uint8_t uc8;    /*!< Read Only */

typedef __IO uint32_t  vu32;
typedef __IO uint16_t  vu16;
typedef __IO uint8_t   vu8;

typedef __I uint32_t vuc32;  /*!< Read Only */
typedef __I uint16_t vuc16;  /*!< Read Only */
typedef __I uint8_t vuc8;    /*!< Read Only */
```

由以上这段代码可以得出 CMSIS 和旧版本 STM32 标准外设库数据类型的对应情况，如表 4-3 所示。

表 4-3　CMSIS 与 STM32 标准外设库数据类型对应情况

CMSIS 数据类型	旧版本标准外设库数据类型	描述
int32_t	s32	有符号 32 位数据
int16_t	s16	有符号 16 位数据
int8_t	s8	有符号 8 位数据
const int32_t	sc32	只读有符号 32 位数据
const int16_t	sc16	只读有符号 16 位数据
const int8_t	sc8	只读有符号 8 位数据
__IO int32_t	vs32	易失性读写访问有符号 32 位数据
__IO int16_t	vs16	易失性读写访问有符号 16 位数据
__IO int8_t	vs8	易失性读写访问有符号 8 位数据
__I int32_t	vsc32	易失性只读有符号 32 位数据

CMSIS 数据类型	旧版本标准外设库数据类型	描述
___I int16_t	vsc16	易失性只读有符号 16 位数据
___I int8_t	vsc8	易失性只读有符号 8 位数据
uint32_t	u32	无符号 32 位数据
uint16_t	u16	无符号 16 位数据
uint8_t	u8	无符号 8 位数据
const uint32_t	uc32	只读无符号 32 位数据
const uint16_t	uc16	只读无符号 16 位数据
const uint8_t	uc8	只读无符号 8 位数据
___IO uint32_t	vu32	易失性读写访问无符号 32 位数据
___IO uint16_t	vu16	易失性读写访问无符号 16 位数据
___IO uint8_t	vu8	易失性读写访问无符号 8 位数据
___I uint32_t	vuc32	易失性只读无符号 32 位数据
___I uint16_t	vuc16	易失性只读无符号 16 位数据
___I uint8_t	vuc8	易失性只读无符号 8 位数据

在 Keil-MDK-ARM 的 C 语言编译器下进行基于 STM32 标准外设库的编程时，以上数据类型都可以被识别，但是基于编程习惯和书写的便利性，仍以旧版本的 STM32 标准外设库数据类型最为常用。

4.4 结构体与指针

与 C51 编程不同，结构体和结构体指针在基于 STM32 标准外设库的嵌入式 C 语言编程中被广泛使用，本节结合标准外设库的使用进行说明。

结构体是一个可以包含不同数据类型成员的集合体，它是一种可以自己定义的数据类型。定义结构体时应力争使结构体只代表一种现实事物的抽象，而不应同时代表多种。结构体中的各成员应代表同一事物的不同侧面，而不应把描述没有关系或关系很弱的不同事物的成员放到同一结构体中。

相同结构体的结构体变量之间是可以相互赋值的，结构体变量可以作为函数的参数，也可以作为函数的返回值。

结构体指针是一个结构体变量在内存中的地址，使用指针而不是直接使用变量，往往会带来数据传递效率上的提升和灵活。

例如，在 STM32 标准外设库的 GPIO 驱动库头文件"stm32f10x_gpio.h"中，可以找到 GPIO 初始化使用的结构体 GPIO_InitTypeDef，定义如下：

```
typedef struct
{
    uint16_t GPIO_Pin;
    GPIOSpeed_TypeDef GPIO_Speed;
```

```
        GPIOMode_TypeDef GPIO_Mode;
}GPIO_InitTypeDef;
```

在需要进行 GPIO 外设初始化时，首先要定义结构体变量及赋值：

```
GPIO_InitTypeDef GPIO_InitStructure;
GPIO_InitStructure.GPIO_Pin = GPIO_Pin_0;
GPIO_InitStructure.GPIO_Mode = GPIO_Mode_Out_PP;
GPIO_InitStructure.GPIO_Speed = GPIO_Speed_50MHz;
```

将一个结构体变量作为函数的参数有两种方法：第一种是将结构体变量直接作为函数参数，程序直观易懂，但效率不是太高；第二种是将指向结构体变量的指针作为函数参数，这种方法开销较小，效率较高。在 STM32 标准外设库中就是采用第二种方法，例如，GPIO 的初始化函数就是使用以上结构体的指针作为参数：

```
void GPIO_Init(GPIO_TypeDef* GPIOx, GPIO_InitTypeDef* GPIO_InitStruct)
```

这里的 GPIO_InitStruct 是结构体指针，而前面提到的 GPIO_InitStructure 是结构体变量，在对结构体成员操作时，要注意符号 "->" 和 "." 的不同。例如，对结构体指针 GPIO_InitStruct 中的成员赋值时，要写成：

```
GPIO_InitStruct->GPIO_Mode == GPIO_Mode_Out_PP;
```

4.5　枚举

在程序设计中，可以利用宏指令 "#define" 为某些整数定义一个别名。

```
#define MON    1
#define TUE    2
#define WED    3
#define THU    4
#define FRI    5
#define SAT    6
#define SUN    7
```

在实际的编程中，C 语言定义了一种数据类型也可以完成同样的工作，这种数据类型称为枚举型，关键字为 "enum"。

可以用以下代码中的枚举定义完成上面宏指令 "#define" 的工作。

```
enum DAY
{
     MON=1, TUE, WED, THU, FRI, SAT, SUN
};
```

第一个枚举成员的默认值为整型的 0，后续枚举成员的值在前一个成员的基础上加 1。当然也可以人为设定枚举成员的值，后续枚举成员的值仍然是递加的关系。

例如，在 STM32 标准外设库的 GPIO 驱动库头文件 "stm32f10x_gpio.h" 中，可以找到 GPIO 初始化使用的枚举类型 GPIOSpeed_TypeDef，定义如下：

```
typedef enum
{
   GPIO_Speed_10MHz = 1,
```

```
    GPIO_Speed_2MHz,
    GPIO_Speed_50MHz
}GPIOSpeed_TypeDef;
```

4.6 C 语言编程的代码格式

"具有良好的编程风格和编程习惯"是很多企业在招聘软件工程师时很看重的一个要求，代码的清晰、简洁以及风格的统一可以使代码易于实现、方便维护并保证团队合作的顺畅。

C 语言是一个书写格式比较随意的编程语言，但是随意不等于随便，在业界和很多企业内部对 C 语言编程是有着比较严格的约定或者规范的。下面我们仅就 C 语言编程的代码格式和命名规范做简单介绍。

（1）程序块要采用缩进风格，缩进的空格数为 4 个。函数或过程的开始、结构的定义及循环、判断等语句中的代码都要采用缩进风格，case 语句下的处理语句也要遵循语句缩进要求。

（2）相对独立的程序块之间、变量说明之后必须加空行。

（3）一行程序以小于 80 个字符为宜，不要写得过长。较长的语句（大于 80 个字符）要分成多行书写；长表达式要在低优先级操作符处划分新行，操作符放在新行之首，划分出的新行要进行适当的缩进，使排版整齐、语句可读。

（4）不允许把多个短语句写在一行中，即一行只写一个语句。

（5）if、for、do、while、case、switch、default 等关键字自占一行，且 if、for、do、while 等语句的执行语句部分无论多少行都要加大括号{}。

（6）程序块的分界符（大括号"{"和"}"）应独占一行且位于同一列，同时与引用它们的语句左对齐。

例如，"按键控制 LED 亮灭"项目的主函数 main() 的代码就符合以上格式要求。

"按键控制 LED 亮灭"项目主函数 main() 的代码

```
1.    int main(void)
2.    {
3.        Init_All_Periph();                     //初始化外设
4.
5.        while(1)
6.        {
7.            switch(KEY_Scan())                 //扫描按键
8.            {
9.                case 1:                        //按键 1 处理
10.                   if(GPIO_ReadOutputDataBit(GPIOC, GPIO_Pin_0)!= 0)
                                                 //判断 LED1 状态
11.                       GPIO_ResetBits(GPIOC,GPIO_Pin_0); //LED1 亮
12.                   else
13.                       GPIO_SetBits(GPIOC,GPIO_Pin_0);   //LED1 灭
14.                   break;
15.
```

```
16.                case 2:                              //按键2处理
17.                    if(GPIO_ReadOutputDataBit(GPIOC, GPIO_Pin_1)!= 0)
                                                         //判断LED2状态
18.                        GPIO_ResetBits(GPIOC,GPIO_Pin_1); //LED2亮
19.                    else
20.                        GPIO_SetBits(GPIOC,GPIO_Pin_1);   //LED2灭
21.                    break;
22.
23.                case 3:                              //按键3处理
24.                    if(GPIO_ReadOutputDataBit(GPIOC, GPIO_Pin_2)!= 0)
                                                         //判断LED3状态
25.                        GPIO_ResetBits(GPIOC,GPIO_Pin_2); //LED3亮
26.                    else
27.                        GPIO_SetBits(GPIOC,GPIO_Pin_2);   //LED3灭
28.                    break;
29.
30.                default:
31.                    break;
32.                }
33.            }
34.    }
```

（7）变量和函数的命名要清晰明了，有明确含义，尽量使用完整的单词或短语。如果命名中包含多个单词，可以在单词间采用下划线连接，但下划线数量不宜超过两个。

（8）对于变量命名，禁止用单个字符（如 i、j、k 等），建议除了要有具体含义外，还要表明其变量类型、数据类型等，但 i、j、k 作局部循环变量是允许的。

（9）变量的命名建议使用全小写字母，函数的命名建议关键字的首字母使用大写字母，宏定义的命名则采用全大写字母。

（10）注意运算符的优先级，建议使用括号来明确表达式的操作顺序，避免使用默认的优先级，以防止因默认的优先级与设计思想不符而导致程序出错。

Chapter 5

第 5 章
专题 5——STM32F10x 微控制器的系统时钟

学习目标

1. 了解 STM32 系统时钟树的基本结构
2. 了解 STM32 系统时钟的设置方法

5.1 STM32F10x 微控制器系统时钟的基本结构

微处理器作为典型的数字集成电路，其内部是由大量的时序逻辑电路和组合逻辑电路构成的，系统时钟信号则是微处理器的脉搏。STM32F10x 系列微控制器（以下简称 STM32）拥有强大而复杂的系统时钟，掌握其系统时钟的结构和设置方法，对深入学习 STM32 编程是有很大帮助的。

需要特别指出的是，我们不建议读者在初学时就翻看本专题的内容，而是建议在进行了几个实训项目、熟悉了 STM32 编程的思路后再回过头来学习，相信会受益匪浅。

由于 STM32 的系统时钟比较复杂，一般形象地称之为 STM32 的时钟树。图 5-1 所示就是 STM32 时钟树的主干结构。

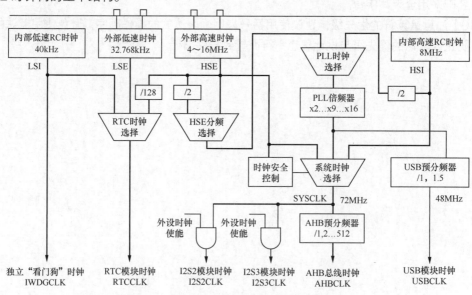

图5-1　STM32F10x微控制器时钟树的主干结构

图 5-1 中的 STM32 时钟树看起来比较复杂，为了理清脉络，将它分为以下三大部分。

（1）时钟的来源（时钟源），包括内部高速 RC 时钟、外部高速时钟、内部低速 RC 时钟、外部低速时钟等。

（2）系统时钟 SYSCLK、AHB 总线时钟以及 USB 模块时钟、I2S 模块时钟、RTC 模块时钟、独立"看门狗"时钟等，这里的 AHB 总线时钟还会分支为 APB1 总线时钟和 APB2 总线时钟，可以为更多的其他外设提供时钟。

（3）PLL 锁相环、时钟选择电路、分频电路等在时钟源和最终的系统时钟以及外设时钟之间架起了桥梁。

5.2　STM32F10x 微控制器的时钟源与配置路径

下面以时钟的来源为脉络详细介绍一下 STM32 的时钟配置路径。

（1）内部高速 RC 时钟（以下简称 HSI）

HSI 的频率固定为 8MHz，如图 5-2 所示，它可以直接被选作系统时钟 SYSCLK，此时的系统时钟频率为 8MHz。

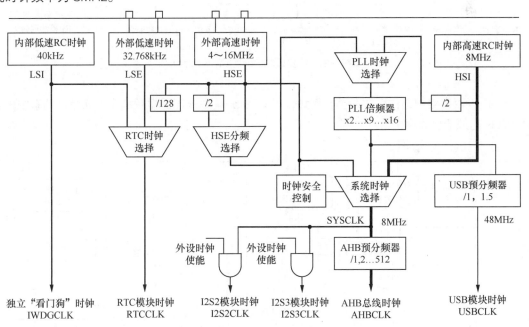

图5-2　HSI直接作为系统主时钟

为了提高系统时钟 SYSCLK 的稳定性，也可以如图 5-3 所示将 HSI 二分频后送入 PLL 锁相环电路再经过倍频后作为系统时钟，这里可以选择 2~16 的倍频系数。例如，图中 8MHz 的 HSI 经过二分频再由 PLL 选择 16 倍频，最后得到的系统时钟频率就是 64MHz。

由于内部高速 RC 时钟的精度不高，芯片参数的一致性也不是太好，HSI 一般只用于对时钟精度要求不高的应用场合，省掉外部晶振后可以降低系统成本并缩小产品体积。

（2）外部高速时钟（以下简称 HSE）

对时钟精度要求比较高的应用场合，一般会选择晶体振荡器作为外部高速时钟源。对于

STM32 而言，晶振频率的范围在 4～16MHz。

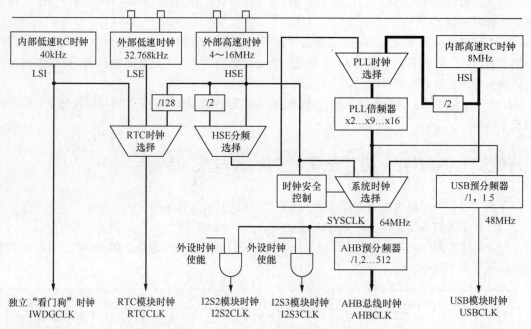

图5-3　HSI经过PLL后作为系统主时钟

HSE 可以直接被选作系统时钟，例如，如果图 5-4 中外部晶振频率为 8MHz，则系统时钟 SYSCLK 的频率也为 8MHz。

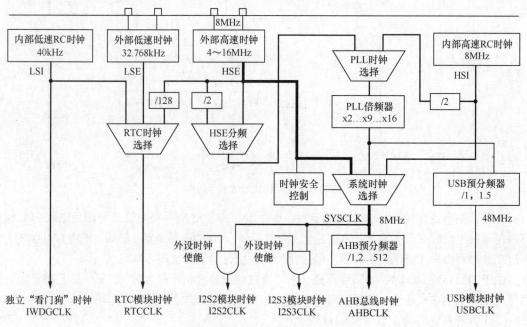

图5-4　HSE直接作为系统主时钟

同样，为了提高系统时钟 SYSCLK 的稳定度，也可以如图 5-5 所示将 HSE 二分频或者不分频送入 PLL 锁相环电路再倍频后作为系统时钟，这里可以选择 2～16 的倍频系数。例如，图 5-5 中 8MHz 的 HSE 不分频送入 PLL 锁相环并选择 9 倍频，最后得到的系统时钟就是 72MHz，这也是 STM32F103 处理器能够稳定运行的最高频率。

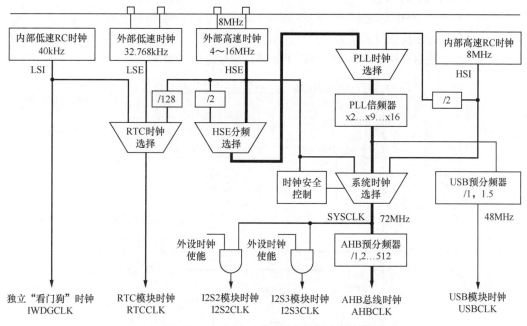

图5-5　HSE经过PLL倍频后作为系统主时钟

出于对系统时钟精确度和稳定度的考虑，这也是日常应用中选择最多的一种系统时钟配置路径。

当系统时钟 SYSCLK 为 72MHz 时，如果 USB 预分频选择 1.5 倍分频，USB 模块可以得到最高 48MHz 的时钟信号。

系统时钟 SYSCLK 经过 AHB 预分频器可以作为 AHB 总线时钟。考虑到处理能力，一般会选择分频系数为 1，也就是不分频，此时 AHB 总线的时钟 HCLK 为最高 72MHz。

（3）外部低速时钟（以下简称 LSE）

LSE 的主要作用是为处理器内部的实时时钟外设 RTC 提供连续不间断的时钟信号，以保证 RTC 电路在处理器主电源断开的情况下仍可以依靠后备电源继续工作。基于此考虑，LSE 的频率一般会选择为 RTC 电路约定俗成的时钟频率 32.768kHz。

考虑到 RTC 连续工作的特点，虽然外部高速时钟 HSE 也可以在 128 分频后为 RTC 电路提供时钟信号，但是一般不会做此选择。

（4）内部低速时钟（以下简称 LSI）

LSI 主要为处理器内部的独立"看门狗"电路提供时钟信号，其频率固定为 40kHz。虽然 LSI 也可以为 RTC 电路提供时钟信号，但基于准确度和供电连续性的考虑，一般也不会做此选择。

5.3　STM32F10x 微控制器的总线时钟

STM32 时钟树中最重要的是 AHB（Advanced High performance Bus，先进高性能总线）总线时钟，其最大频率为 72MHz。

如图 5-6 所示，AHB 总线时钟除了为 Cortex-M3 内核提供时钟信号，还为 SYSTICK、SDIO、FSMC、DMA 等外设提供时钟信号。此外，AHB 总线时钟还经由分频器为 APB1（Advanced Peripheral Bus，先进外设总线）和 APB2 两条外设总线提供时钟信号。

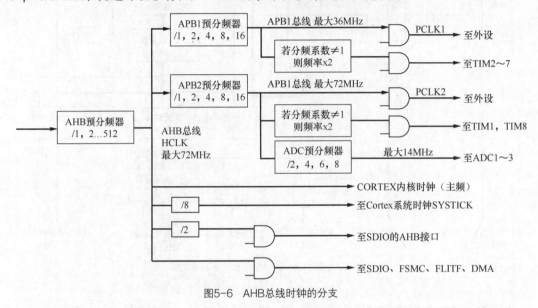

图5-6　AHB总线时钟的分支

其中，APB1 总线时钟的最大频率为 36MHz，也称为低速外设时钟。APB1 总线时钟连接的外设包括定时器 TIM2～TIM7、串口 USART2～USART5、SPI2、SPI3、I2C1、I2C2、USB、RTC、CAN、DAC 等。

而 APB2 总线时钟的最大频率为 72MHz，也称为高速外设时钟。APB2 总线时钟连接的外设包括定时器 TIM1 和 TIM8、模数转换器 ADC1～ADC3、串口 USART1 和所有的 GPIO 端口等。

这里要注意的是，定时器的时钟配置有一个倍频选择的条件和 APB1 与 APB2 预分频器的分频系数相关，即分频系数若不等于 1，则送入定时器的时钟会自动倍频。这样一来，当 APB1 工作在最大频率 36MHz、APB2 工作在最大频率 72MHz 时，送入定时器的时钟信号都是 72MHz。

5.4　STM32F10x 微控制器系统时钟与外设时钟的配置方法

5.4.1　STM32F10x 微控制器系统时钟的配置函数

从 5.3 节的介绍可以看到，STM32F103 微控制器的系统时钟结构非常复杂，需要配置的参数也很多，如果完全依靠编程人员手工配置，将是非常烦琐的。

为了减轻编程人员的工作量，在使用 3.0 版本以上 STM32 标准外设库进行编程时，我们只要做如下两步即可。

第一，在 system_stm32f10x.c 文件中或者在 Keil-MDK-ARM 开发环境的项目配置选项中定义：

```
#define SYSCLK_FREQ_72MHz 72000000
```

第二，在初始化开始时调用 SystemInit()函数（使用 3.5 版本标准外设库非必须）。

SystemInit()函数实际上调用的是 STM32 启动代码，在启动代码中可以对系统时钟的参数进行配置。

5.4.2　STM32F10x 微控制器外设时钟的控制

从前面介绍的 STM32 时钟树可以看到，STM32 绝大部分外设的时钟信号均取自 AHB、APB1 和 APB2 总线时钟。为了降低芯片的功耗，STM32 各个外设的时钟在芯片复位后是默认关闭的，用到哪个外设才会使能相应的时钟信号。

STM32 微控制器中的复位和时钟控制（RCC）是一个重要外设，其作用包括系统和外设时钟设置、外设复位和时钟管理。同样，在 STM32 标准外设库中，RCC 也有相应的外设驱动函数库。

表 5-1 所示为 STM32 标准外设库中常用的 RCC 时钟控制函数

表 5-1　标准外设库中的常用 RCC 时钟控制函数

函数名称	函数作用
RCC_GetSYSCLKSource()	返回用作系统时钟的时钟源
RCC_GetClocksFreq()	返回不同片上时钟的频率
RCC_AHBPeriphClockCmd()	使能或禁用 AHB 外设时钟
RCC_APB1PeriphClockCmd()	使能或禁用 APB1 外设时钟
RCC_APB2PeriphClockCmd()	使能或禁用 APB2 外设时钟

例如，在目标板的按键初始化函数 KEY_Configuration()中，由于按键使用了外设 GPIOE，所以必须使用函数：

```
RCC_APB2PeriphClockCmd(RCC_APB2Periph_GPIOE, ENABLE );
```

使能连接到 APB2 总线时钟的 GPIOE 时钟。

与 STM32 复杂的时钟树相对应，STM32 标准外设库中关于 RCC 的驱动控制函数有很多，但大部分函数只是在芯片启动环节使用。如果没有特殊要求，一般会按照默认的配置进行设置，日常编程中使用最多的只是少数几个涉及外设时钟控制的函数。

Chapter

6

第6章
专题6——彩色 LCD 显示

学习目标

1. 了解彩色 LCD 显示的基本原理
2. 了解彩色 LCD 图形显示的方法
3. 了解彩色图像/代码格式转换软件的使用方法

6.1 彩色 LCD 显示与控制的基本原理

相对于传统的黑白屏液晶显示器，彩色液晶显示器（以下称彩色 LCD）由于其分辨率高、显示信息丰富、显示界面友好等特点得到了广泛应用，而且越来越成为工业控制设备使用的主流显示器。

如图 6-1 所示，与黑白屏液晶显示器不同，彩色液晶显示器的每个彩色像素点是由 RGB（红色、绿色、蓝色）三个基色像素点构成的，通过控制每个基色像素点的深浅（明暗）程度，可以达到彩色显示的目的。

下面介绍几个有关色彩控制的基本概念。

（1）24 位真彩色

目前彩色 LCD 上所有像素的控制都是采用专用的驱动器芯片来完成，如图 6-2 所示，驱动器对于每

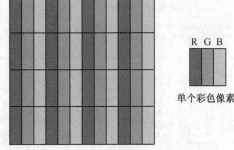

图6-1 彩色LCD的像素分布

个基色像素点可以采用 8 位即一个字节来控制其明暗程度，那么三基色像素点则共需要三个字节即 24 位进行色彩控制，这种使用 24 位进行色彩控制的彩色称为 24 位真彩色。

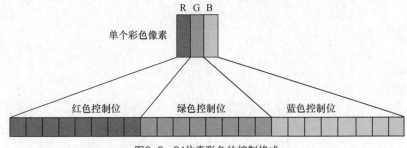

图6-2 24位真彩色的控制格式

（2）32 位真彩色

24 位的色彩控制在实际使用中存在一些尴尬。对于 C 语言编程而言，常用的数据类型是 16 位和 32 位，24 位的彩色在信息存储和信号处理时会带来效率上的损失。为此，一种解决方法是在 24 位彩色的基础上再加 8 位的灰度控制，如图 6-3 所示，即形成所谓的 32 位真彩色，不过其本质上的彩色数量并没有发生变化。

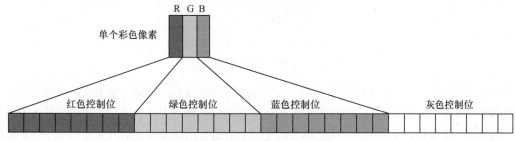

图6-3　32位真彩色的控制格式

（3）16 位真彩色

对于大部分高性能的 16 位或者 32 位微控制器而言，其对外与彩色 LCD 驱动器连接的端口往往是 16 位。在这种情况下，24 位的彩色信息不能实现一次发送。为了提高信息存储和传输的效率，16 位真彩色的概念应运而生。

科学研究表明，人眼虽然是一个很精密的器官，但是对颜色的分辨能力是相当有限的，当采用 5 位控制每一个基色像素点的明暗变化时，最后三基色合成的彩色已经可以满足人眼对颜色分辨力的要求了。如图 6-4（a）所示，这种三基色一共使用 15 位进行色彩控制的格式称为 16 位真彩色的 555 格式。

很显然，对于 16 位整数型数据长度和微控制器的 16 位接口而言，555 格式浪费了 1 位的控制能力。而人眼对三基色中绿色的变化是最敏感的，所以在 555 格式的基础上，把绿色的控制位由 5 位增加 1 位变成 6 位，形成如图 6-4（b）所示的 16 位真彩色的 565 格式，这也是在微控制器的彩色 LCD 编程中使用最广泛的一种彩色控制格式。

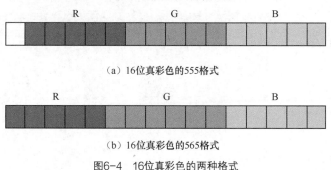

（a）16位真彩色的555格式

（b）16位真彩色的565格式

图6-4　16位真彩色的两种格式

6.2　彩色 LCD 显示器的图形显示方法

了解了彩色 LCD 显示器的显示原理后，在 LCD 上如何显示彩色图形就很容易理解了。如图 6-5 所示，在 LCD 上某个限定的方形区域中逐个像素显示彩色，人眼将看到一幅彩色图像。

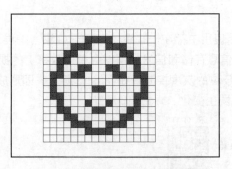

图6-5　图像在彩色LCD上的显示

为了控制方便，目前主流的彩色 LCD 驱动芯片都支持在 LCD 屏幕上某个指定宽度与高度的方形区域内进行填色操作。而且根据控制器和驱动程序具体编程方法的不同，还分为从左至右由上而下的逐行扫描（填色）方式、从左至右由下而上的逐行扫描方式、从上至下由左往右的逐列扫描方式等。有些 LCD 驱动控制芯片中还支持 16 位颜色值取反的操作。

6.3　彩色图片转换成 C 语言数组文件的方法

在以 C 语言为平台的嵌入式系统编程中，要在彩色 LCD 上显示一幅图片，微处理器是不能直接识别 JPG 或者 BMP 格式图片的，必须要把图片转换为代码格式，通常这种代码格式以 C 语言数组存在。

有很多方便的软件工具可以实现这一转换，这里简单介绍一下 Image2Lcd 图像/代码格式转换软件，如图 6-6 所示。

图6-6　Image2Lcd软件的操作界面

进入图 6-6 所示的软件操作界面后，单击"打开"按钮，选择需要转换的图片，图中左侧为原始图片，右侧为调整后的图片。

　　单击界面下侧的标签栏可以对输出图像进行调整，这里选择 16 位真彩色的 565 格式，如果需要对图像进行镜像或者颜色值取反操作，可以单击"输出图像调整"标签栏进行设置。

　　输出图像的最大宽度和高度在界面左侧的数字栏进行设置，输入图像与输出图像的实际宽度和高度在界面最下侧的状态栏中显示。

　　根据 LCD 驱动器和相应图片显示驱动函数的具体操作方式，可以选择图片显示的扫描方式和扫描方向。在本书项目使用的 LCD 驱动函数中，我们选择像素水平扫描方式，扫描方向为从左到右、自顶至底。

　　输出格式选择"C 语言数组"，包含图像头数据并且高位在前。

　　单击"保存"按钮，数据输出到文件并自动打开，可以看到以数组形式呈现的图片数据：

```
const unsigned char gImage_tu[76328] =
{
    0X10,0X10,0X00,0XF0,0X00,0X9F,0X01,0X1B,
    0X1B,0X7A,0X1B,0X7A,0X1B,0X5A,0X1B,0X5A,0X1B,0X7A,0X1B,0X5A,0X1B,0X5A,
0X1B,0X7A,
    0X1B,0X7A,0X1B,0X5A,0X1B,0X7A,0X1B,0X7A,0X1B,0X7A,0X1B,0X7A,0X1B,0X5A,
0X1B,0X7A,
    ......
    0X8C,0X47,0X6B,0X02,0X52,0XC2,0X5B,0X45,0X7C,0X07,0X3A,0X20,0X21,0X20,
0X73,0XA5,
    0X6B,0X64,0X8C,0X68,0X62,0XE3,0X5A,0XA3,0X62,0XA2,0X41,0XA0,0X5A,0XA3,
0X73,0X84,
};
```

　　数组大括号中的第一行八个字节为图像头数据，其中，第三个和第四个字节的 0X00、0XF0 表示图片的宽度为 0x00F0，即 240，第五个和第六个字节的 0X00、0X9F 表示图片的高度为 0x009F，即 159，这些信息直接关系到使用图片显示函数时要限定的像素填充方形区域的大小。

　　图像头数据之后就是由每两个字节合成的一个 16 位数据，表示每个像素点的颜色信息，例如，大括号中第二行开始的两个字节 0X1B、0X7A，表示图像中第一个像素点的颜色为 0x1B7A，像素的颜色信息在数组内按照转换工具中选择的扫描方式和扫描方向顺序排列。

Chapter 7

第 7 章
专题 7——字符编码与显示字库

学习目标

1. 了解 ASCII 编码的基本特征
2. 了解汉字字符编码的基本特征
3. 了解字符编码与字符显示字库之间的对应关系

7.1 ASCII 编码

在电子计算机中，所有符号都以二进制的形式存储和传输，美国标准信息交换码（American Standard Code for Information Interchange ，ASC II 码）就是一套基于拉丁字母的计算机编码系统，主要用于显示英语和其他西欧语言，也是现今最通用的单字节编码系统，并等同于国际标准 ISO/IEC646。

作为由美国制定的字符编码标准，早期的 ASCII 码称为标准 ASCII 码或基础 ASCII 码，它使用指定的 7 位二进制数组合来表示 128 种可能的字符，包括所有的大写和小写英文字母、数字 0~9、标点符号以及在英语中使用的特殊控制字符，如表 7-1 所示。

表 7-1 基础 ASCII 码表

二进制编码	八进制编码	十进制编码	十六进制编码	缩写/字符	解释
00000000	0	0	00	NUL(控制符，无对应图形)	空字符
00000001	1	1	01	SOH(控制符，无对应图形)	标题开始
00000010	2	2	02	STX(控制符，无对应图形)	正文开始
00000011	3	3	03	ETX(控制符，无对应图形)	正文结束
00000100	4	4	04	EOT(控制符，无对应图形)	传输结束
00000101	5	5	05	ENQ(控制符，无对应图形)	请求
00000110	6	6	06	ACK(控制符，无对应图形)	收到通知
00000111	7	7	07	BEL(控制符，无对应图形)	响铃

续表

二进制 编码	八进制 编码	十进制 编码	十六进制 编码	缩写/字符	解释
00001000	10	8	08	BS(控制符，无对应图形)	退格
00001001	11	9	09	HT(控制符，无对应图形)	水平制表符
00001010	12	10	0A	LF(控制符，无对应图形)	换行符
00001011	13	11	0B	VT(控制符，无对应图形)	垂直制表符
00001100	14	12	0C	FF(控制符，无对应图形)	换页符
00001101	15	13	0D	CR(控制符，无对应图形)	回车符
00001110	16	14	0E	SO(控制符，无对应图形)	不用切换
00001111	17	15	0F	SI(控制符，无对应图形)	启用切换
00010000	20	16	10	DLE(控制符，无对应图形)	数据链路转义
00010001	21	17	11	DC1(控制符，无对应图形)	设备控制 1
00010010	22	18	12	DC2(控制符，无对应图形)	设备控制 2
00010011	23	19	13	DC3(控制符，无对应图形)	设备控制 3
00010100	24	20	14	DC4(控制符，无对应图形)	设备控制 4
00010101	25	21	15	NAK(控制符，无对应图形)	拒绝接收
00010110	26	22	16	SYN(控制符，无对应图形)	同步空闲
00010111	27	23	17	ETB(控制符，无对应图形)	结束传输块
00011000	30	24	18	CAN(控制符，无对应图形)	取消
00011001	31	25	19	EM(控制符，无对应图形)	媒介结束
00011010	32	26	1A	SUB(控制符，无对应图形)	代替
00011011	33	27	1B	ESC(控制符，无对应图形)	换码(溢出)
00011100	34	28	1C	FS(控制符，无对应图形)	文件分隔符
00011101	35	29	1D	GS(控制符，无对应图形)	分组符
00011110	36	30	1E	RS(控制符，无对应图形)	记录分隔符
00011111	37	31	1F	US(控制符，无对应图形)	单元分隔符
00100000	40	32	20	(space)	空格
00100001	41	33	21	!	叹号
00100010	42	34	22	"	双引号
00100011	43	35	23	#	井号

续表

二进制 编码	八进制 编码	十进制 编码	十六进制 编码	缩写/字符	解释
00100100	44	36	24	$	美元符
00100101	45	37	25	%	百分号
00100110	46	38	26	&	和号
00100111	47	39	27	'	右单引号
00101000	50	40	28	(	开括号
00101001	51	41	29	)	闭括号
00101010	52	42	2A	*	星号
00101011	53	43	2B	+	加号
00101100	54	44	2C	,	逗号
00101101	55	45	2D	–	减号/破折号
00101110	56	46	2E	.	句号
00101111	57	47	2F	/	斜杠
00110000	60	48	30	0	数字 0
00110001	61	49	31	1	数字 1
00110010	62	50	32	2	数字 2
00110011	63	51	33	3	数字 3
00110100	64	52	34	4	数字 4
00110101	65	53	35	5	数字 5
00110110	66	54	36	6	数字 6
00110111	67	55	37	7	数字 7
00111000	70	56	38	8	数字 8
00111001	71	57	39	9	数字 9
00111010	72	58	3A	:	冒号
00111011	73	59	3B	;	分号
00111100	74	60	3C	<	小于
00111101	75	61	3D	=	等号
00111110	76	62	3E	>	大于
00111111	77	63	3F	?	问号

续表

二进制 编码	八进制 编码	十进制 编码	十六进制 编码	缩写/字符	解释
01000000	100	64	40	@	电子邮件符号
01000001	101	65	41	A	大写字母 A
01000010	102	66	42	B	大写字母 B
01000011	103	67	43	C	大写字母 C
01000100	104	68	44	D	大写字母 D
01000101	105	69	45	E	大写字母 E
01000110	106	70	46	F	大写字母 F
01000111	107	71	47	G	大写字母 G
01001000	110	72	48	H	大写字母 H
01001001	111	73	49	I	大写字母 I
01001010	112	74	4A	J	大写字母 J
01001011	113	75	4B	K	大写字母 K
01001100	114	76	4C	L	大写字母 L
01001101	115	77	4D	M	大写字母 M
01001110	116	78	4E	N	大写字母 N
01001111	117	79	4F	O	大写字母 O
01010000	120	80	50	P	大写字母 P
01010001	121	81	51	Q	大写字母 Q
01010010	122	82	52	R	大写字母 R
01010011	123	83	53	S	大写字母 S
01010100	124	84	54	T	大写字母 T
01010101	125	85	55	U	大写字母 U
01010110	126	86	56	V	大写字母 V
01010111	127	87	57	W	大写字母 W
01011000	130	88	58	X	大写字母 X
01011001	131	89	59	Y	大写字母 Y
01011010	132	90	5A	Z	大写字母 Z
01011011	133	91	5B	[	左方括号

二进制编码	八进制编码	十进制编码	十六进制编码	缩写/字符	解释
01011100	134	92	5C	\	反斜杠
01011101	135	93	5D	]	右方括号
01011110	136	94	5E	^	脱字符
01011111	137	95	5F	_	下划线
01100000	140	96	60	'	左单引号
01100001	141	97	61	a	小写字母 a
01100010	142	98	62	b	小写字母 b
01100011	143	99	63	c	小写字母 c
01100100	144	100	64	d	小写字母 d
01100101	145	101	65	e	小写字母 e
01100110	146	102	66	f	小写字母 f
01100111	147	103	67	g	小写字母 g
01101000	150	104	68	h	小写字母 h
01101001	151	105	69	i	小写字母 i
01101010	152	106	6A	j	小写字母 j
01101011	153	107	6B	k	小写字母 k
01101100	154	108	6C	l	小写字母 l
01101101	155	109	6D	m	小写字母 m
01101110	156	110	6E	n	小写字母 n
01101111	157	111	6F	o	小写字母 o
01110000	160	112	70	p	小写字母 p
01110001	161	113	71	q	小写字母 q
01110010	162	114	72	r	小写字母 r
01110011	163	115	73	s	小写字母 s
01110100	164	116	74	t	小写字母 t
01110101	165	117	75	u	小写字母 u
01110110	166	118	76	v	小写字母 v

续表

二进制编码	八进制编码	十进制编码	十六进制编码	缩写/字符	解释
01110111	167	119	77	w	小写字母 w
01111000	170	120	78	x	小写字母 x
01111001	171	121	79	y	小写字母 y
01111010	172	122	7A	z	小写字母 z
01111011	173	123	7B	{	左花括号
01111100	174	124	7C	|	垂线
01111101	175	125	7D	}	右花括号
01111110	176	126	7E	~	波浪号
01111111	177	127	7F	DEL(控制符，无对应图形)	删除

基础 ASCII 码表中以十进制数表述（下同）的 0~31 及 127 共 33 个字符是控制字符或通信专用字符，其余为可显示字符。

ASCII 码表中的 8、9、10 和 13 分别转换为退格、制表、换行和回车符。它们并没有特定的显示图形，但会对文本显示产生不同的影响。

32~126 是 95 个可显示字符（32 是空格），其中，48~57 为 0~9 十个阿拉伯数字，65~90 为 26 个大写英文字母，97~122 号为 26 个小写英文字母，其余为标点符号、运算符号等。

注意

　　ASCII 码表存在一些特点，数字比字母小，如'7' < 'F'；数字 0 比数字 9 小，并按 0 到 9 顺序递增；字母 A 比字母 Z 小，并按 A 到 Z 顺序递增；同一字母的大写字母比小写字母小，如'A' < 'a'。

在日常编程中，虽然并不需要强制记忆 ASCII 码表，但是一些常用的关键编码还是要有印象，如"换行 LF"的编码为 0x0A，"回车 CR"的编码为 0x0D，空格的编码为 0x20，字符'0'的编码为 0x30，字符'A'的编码为 0x41，字符'a'的编码为 0x61 等。

7 位的基础 ASCII 码只适用于英文字符，随着应用范围的扩大，对其他字符的支持需求越来越强烈，为此使用一个字节完整 8 位的扩展 ASCII 码应运而生。扩展 ASCII 码允许将每个字符的第 8 位用于附加的 128 个特殊符号字符、外来语字母和图形符号，不过在国内以英语和汉语为语言环境的嵌入式程序设计中，扩展 ASCII 码使用的机会并不多。

7.2　汉字字符编码

与 ASCII 编码不同，源于象形文字且数量庞大的汉字字符要实现在电子计算机中的存储和传输要困难得多。

常用的汉字字符集有 GB2312-80、GBK、Big5、Unicode 等，由于计算能力和存储空间所限，在嵌入式设备中目前最常用的是 GB2312 字符集。

GB2312 字符集共收录汉字 6763 个和汉字符号 682 个。整个字符集分成 94 个区，每个区有 94 位。每个区位上只有一个字符，因此可用字符所在的区和位来对汉字编码，故也称为区位码。

其中，01~09 区为特殊符号；16~55 区为一级汉字，按拼音排序；56~87 区为二级汉字，按部首/笔画排序；10~15 区及 88~94 区未使用。

例如，"啊"字是 GB2312 中的第一个汉字，它的区位码是 16（0x10）和 1（0x01）两个字节。

在程序设计中，限于运算和存储能力，往往会将基础 ASCII 码和 GB2312 汉字区位码混合使用，这就带来一个严重问题，即单纯从二进制编码上无法识别基础 ASCII 码和汉字区位码。

为了解决这一问题，在使用 GB2312 汉字编码的程序中，每个汉字及符号以两个字节的计算机机内码来表示，第一个字节称为"区字节"，第二个字节称为"位字节"。

"区字节"使用了 0xA1~0xF7（把 01~87 区的区码加上 0xA0），"位字节"使用了 0xA1~0xFE（把 01~94 的位码加上 0xA0）。

由于基础 ASCII 码只占用了一个字节的低 7 位，最高位为 0，加上 0xA0 后的区字节和位字节的最高位均为 1。这样在程序设计时可以根据最高位的值非常方便地区分基础 ASCII 码和 GB2312 汉字区位码。

由于一级汉字从 16 区开始，因此"区字节"的范围是 0xB0~0xF7，"位字节"的范围是 0xA1~0xFE，占用的码位共 72×94=6768 个。

例如，"啊"字的机内码以区字节 0xB0 和位字节 0xA1 存储，机内码=区字节+位字节（与区位码对比：0xB0=0xA0+16，0xA1=0xA0+1）。

7.3 字符在彩色 LCD 屏幕上的显示

在嵌入式设备的液晶屏上，中英文和阿拉伯数字等字符通常以点阵显示，这些点阵显示对应的编码信息称为字模，而字模的集合称为字库。

下面以英文和阿拉伯数字字符常用的 8×16 点阵来介绍字模。图 7-1 所示为大写字母'M'对应的显示点阵，点阵每一行的分辨率为 8，正好对应一个字节的 8 位，16 行正好对应 16 个字节。

点阵中的每一个像素点可以用一个位（bit）来存储，该位为 0 代表该像素点不显示，为 1 代表显示。这样，1 个字节就可以存储 8 个像素点的信息，16 个字节可以完整地存储 8×16 点阵的全部信息，这 16 个字节就称为大写字母'M'的字模。在 C 语言编程中，字模通常以数组的形式出现。

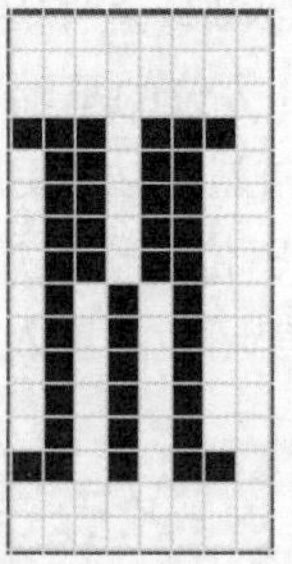

如果对大写字母'M'按从左到右、从上到下的方式依次从高位到低位取模，可以得到表 7-2 所示的字母'M'的字模表。

图7-1 英文字母'M'的
8×16点阵显示

表 7-2　字母'M'的字模表

行号	二进制字模								字模
第 1 行	0	0	0	0	0	0	0	0	0x00
第 2 行	0	0	0	0	0	0	0	0	0x00
第 3 行	0	0	0	0	0	0	0	0	0x00
第 4 行	1	1	1	0	1	1	1	0	0xEE
第 5 行	0	1	1	0	1	1	0	0	0x6C
第 6 行	0	1	1	0	1	1	0	0	0x6C
第 7 行	0	1	1	0	1	1	0	0	0x6C
第 8 行	0	1	1	0	1	1	0	0	0x6C
第 9 行	0	1	0	1	0	1	0	0	0x54
第 10 行	0	1	0	1	0	1	0	0	0x54
第 11 行	0	1	0	1	0	1	0	0	0x54
第 12 行	0	1	0	1	0	1	0	0	0x54
第 13 行	0	1	0	1	0	1	0	0	0x54
第 14 行	1	1	0	1	0	1	1	0	0xD6
第 15 行	0	0	0	0	0	0	0	0	0x00
第 16 行	0	0	0	0	0	0	0	0	0x00

大写字母'M'对应的字模以 C 语言数组形式可表达如下：

```c
uint8_t const ascii_lib[16] =
{
    0x00,0x00,0x00,0xEE,0x6C,0x6C,0x6C,0x6C,0x54,0x54,0x54,0x54,0x54,0xD6,
0x00,0x00
};
```

对于汉字字符而言，由于其笔画的复杂程度远超英文和阿拉伯数字，通常使用 16×16 点阵字模表示。我们将字模的每行分解成左右各对应一个字节，字模的记录方式与 ASCII 码字模的记录方式类似，也是从左往右、自上而下，只不过需要用 16×2 共 32 个字节。

图 7-2 所示的"确"这个汉字字符，按照以上方式确定其字模对应的 C 语言数组为：

```c
uint8_t const hz_lib[32] =
{
    0x00,0xC0,0x7C,0xF8,0x7D,0xF8,0x33,0x30,0x33,0xFE,0x61,0xFE,0x7D,0xB6,
0xED,0xFE,
    0x6D,0xFE,0x6D,0xB6,0x6D,0xFE,0x7D,0xB6,0x6D,0xB6,0x63,0x3E,0x02,0x0C,
0x00,0x00
};
```

可以看到，字模数组中数据的每一位都直接对应单色 LCD 屏幕上的每一个像素点的亮灭。在彩色 LCD 屏幕上，一个像素点的颜色值用 16 位数据表示，显示字符时，就需要将字模数组中的每一位转换为显示字符的字体颜色或者背景色。

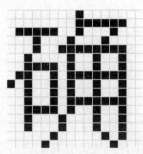

图7-2 汉字字符"确"的16×16点阵显示

7.4 显示字库与字符编码的关系

字符编码只解决了英文和汉字字符在计算机中存储和传输的问题，要在屏幕上显示字符，还需要字库来帮忙。

在嵌入式设备上，ASCII 码表中的英文和阿拉伯数字等字符通常使用8×16点阵显示的字库，而汉字通常使用 16×16 点阵显示的字库。对于更高分辨率和更大的字体，使用方法也完全一样。

在实际使用过程中，我们要解决的是字符编码和显示字库对应关系的问题。

首先来看一下 ASCII 码字符如何与 8×16 字库对应。如前所述，ASCII 码表中的 32～126 这 95 个字符是有对应图形符号的，而且这 95 个字符是按照顺序连续排列的，所以可以把相应的显示字库编制成一个二维数组，二维数组的第二个成员固定为 16（每个字模 16 字节），第一个成员则是 ASCII 码对应的数字减去 32。

例如，ASCII 编码中的 65（0x41）表示字符'A'，其对应的显示字库中，二维数组第一维的序号为 65-32=33。

以下为 ASCII 码 8×16 点阵字库的部分代码。

ASCII 码 8×16 点阵字库(局部)

```
uint8_t const ASCII8x16[95][16] =
{
    //字符：空格
    {
      0x00,0x00,0x00,0x00,0x00,0x00,0x00,0x00,0x00,0x00,0x00,0x00,0x00,0x00,
0x00,0x00,
    },

    //字符：'!'
    {
      0x00,0x00,0x00,0x10,0x10,0x10,0x10,0x10,0x10,0x10,0x00,0x00,0x18,0x18,
0x00,0x00,
    },
    ......
    //中间省略
    ......
```

```
    //字符："y"
    {
        0x00,0x00,0x00,0x00,0x00,0x00,0x00,0xE7,0x42,0x24,0x24,0x28,0x18,
0x10,0x10,0xE0,
    },

    //字符："z"
    {
        0x00,0x00,0x00,0x00,0x00,0x00,0x00,0x7E,0x44,0x08,0x10,0x10,0x22,0x7E,
0x00,0x00,
    },
};
```

对于 GB2312 区位码而言，其对应的 16×16 点阵显示字库同样也可定义为二维数组，其第二维大小固定为 32（每个字模 32 字节），第一维的情况稍微复杂一些。

对于区位码而言，汉字字符分布在 94 个区的 94 个位上，分别由区字节和位字节加以标识，在处理对应关系时，首先要将"区字节"和"位字节"分别减去 0xA0 变成区码和位码，然后将两者相乘，以确定其对应的字符在汉字库中的位置（序号）。

例如，汉字"啊"的区字节为 0xB0，位字节为 0xA1，分别减去 0xA0 后得到原始区码 16（0xA0）和原始位码 1（0x01），则可以确定其在汉字库中的位置为：

$$（区码-16）× 94 + （位码-1）= （16-16）× 94 + （1-1）=0$$

以下为汉字区位码 16×16 点阵字库的部分代码。

汉字区位码 16×16 点阵字库(局部)

```
uint8_t const HZ16x16[6768][32] =
{
    //字符："啊",序号 0
    {
        0x00,0x00,0x07,0x7E,0xF7,0x7E,0xF5,0x04,0xD5,0x74,0xD6,0x74,0xD6,0x54,
0xD5,0x54,
        0xD5,0x54,0xF5,0x74,0xF5,0x74,0xD7,0x54,0xC4,0x04,0x04,0x1C,0x04,0x18,
0x00,0x00,
    },

    //字符："阿",序号 1
    {
        0x00,0x00,0x7B,0xFE,0x7B,0xFE,0x68,0x0C,0x6B,0xEC,0x73,0xEC,0x73,0x6C,
0x7B,0x6C,
        0x6B,0x6C,0x6B,0xEC,0x7B,0x6C,0x78,0x0C,0x60,0x0C,0x60,0x3C,0x60,0x38,
0x00,0x00,
    },
    ......
    //中间省略
    ......
```

```
        //字符："鬋",序号 6766
        {
            0x18,0x00,0x3E,0x7E,0x32,0x7E,0x3E,0x18,0x32,0x18,0x7F,0x18,0x6B,
0x18,0x7F,0x7E,
            0x6B,0x7E,0x7F,0x18,0x00,0x18,0xFF,0x98,0x36,0x18,0x66,0x18,0xC6,
0x18,0x00,0x00
        },

        //字符："鬙",序号 6767
        {
            0x18,0x30,0x3E,0xFE,0x32,0xFE,0x3E,0x78,0x32,0xFC,0x7F,0xB6,0x6B,
0x00,0x7F,0x7C,
            0x6B,0x4C,0x7F,0x7C,0x00,0x4C,0xFF,0x7C,0x36,0x00,0x66,0xFE,0xC6,
0xFE,0x00,0x00
        },
    } ;
```

无论是 ASCII 码点阵字库还是汉字区位码点阵字库，其内部字模的排列都是与 ASCII 码表或者区位码码表中字符的排列顺序一致的，按照以上描述的对应关系，在程序设计中可以非常方便地加以使用。

第二部分

应用篇

Chapter 8

第8章
实训项目1——LED 闪烁

 学习目标

本项目控制 STM32 目标板上三个发光二极管 LED1、LED2、LED3 按照一定频率闪烁。项目要达成的学习目标包括以下几点：

1. 了解 STM32 标准外设库的概念和本书推荐的使用方法
2. 了解本书推荐的项目文档存储结构
3. 学习如何在 MDK 开发环境中新建一个项目和如何配置项目

8.1 相关知识

3.2 节曾简单介绍过 STM32 的标准外设库，在图 3-3 所示的标准外设库的文档组织结构中，Project 文件夹内是 ST 公司提供的项目模板，对于开发人员而言，可以直接在项目模板中搭建自己的项目。

标准外设库的文件数量比较多，文档组织结构也比较复杂，很多初学者在刚刚开始接触基于标准外设库的 STM32 编程时，往往会将注意力放到数量庞大的标准外设库源代码文件上，而忽视了对于功能实现最重要的应用代码。根据教学实践，这也是初学者最容易产生畏难情绪和最容易感到困惑的地方。

如前所述，对于设计人员而言，最重要的是使用 STM32 标准外设库中的外设驱动函数，至于函数代码具体是如何实现的，在初学阶段并没有必要深入了解。基于此，本书对 STM32 标准外设库进行了优化，使其文档组织结构更加精简，并将外设驱动源代码封装成了 C 语言的库文件（后缀名为 lib）形式，仅保留了头文件，这样做的好处主要有以下三点。

（1）标准外设库的文件数量和文档组织结构得到了精简，有利于初学者厘清学习脉络，将关注的重点放到具体应用的实现上。

（2）将标准外设库源代码封装成 C 语言的库文件形式，可以有效避免在设计时对标准外设库源代码无意中的修改，这种修改有可能无法被编译器发现从而带来严重后果。

（3）将源代码封装成 C 语言的库文件形式后，在编译项目时不需要再对这部分库文件进行编译，从而大大节约了项目编译的时间，有利于提高编程效率。

经过精简和封装之后的 ST 标准外设库的文档组织结构如图 8-1 所示。

图 8-1 中的 INC 文件夹是图 3-3 中所有头文件夹合并后的产物，其中，CM3 文件夹中放置

的是原来 CMSIS 文件夹中的头文件。

FWLIB 文件夹中存放的是 "stm32f10x_hd_fw.lib" 文件，它是经过封装后的标准外设库库文件，在封装库文件时还加入了 STM32F103 高密度芯片的启动代码。

也就是说，INC 和 FWLIB 两个文件夹作为所有项目的公用文件夹，存放了 STM32 标准外设库的头文件和库文件。

项目文件夹与公用文件夹是并列的关系。在项目文件夹下再建立 APP 和 MDK 两个子文件夹，MDK 文件夹用来存放项目文件，APP 文件夹用来存放源代码文件。对于简单项目而言，应用源代码文件较少，可以只建立一个存放源代码文件的文件夹；而对于复杂项目，为了方便管理，可能需要建立多个文件夹，以分门别类存放源代码文件和其他驱动文件。

为什么要采用这样的文件夹结构呢？展开 MDK 文件夹就一清二楚了，如图 8-2 所示，可以看到，经过编译后的 MDK 文件夹中存在比较多的中间文件，项目的源代码如果混杂在这些文件中，在查询和使用上显然会带来诸多不便。

图8-1　精简之后的项目文档组织结构

图8-2　MDK文件夹中的文件

8.2 项目实施

8.2.1　在 MDK 开发环境中新建项目

首先建立图 8-1 所示的文件夹结构，下载本书的项目代码资源，并将资源中同名的 FWLIB 和 INC 文件夹以及 "项目_LED 闪烁" 文件夹中的 APP 文件夹直接复制过来。

虽然本书的配套项目代码资源是完整的，但是，在读者的第一个实际项目中，仍然建议要重新在 "项目_LED 闪烁" 文件夹的 MDK 文件夹中新建一个项目，并完成项目配置、项目编译、项目下载运行、项目调试的完整过程。

双击 MDK5 的图标，进入 MDK5 集成开发环境，新建一个工程项目。

如图 8-3 所示，单击菜单栏 "Project" 中的菜单项 "New μVision Project"，选择将工程项目存储在之前建立的 MDK 文件夹下，并将工程命名为 "LED.uvproj"。

在随后弹出的对话框中，选择工程项目所要使用的微处理器芯片型号，如图 8-4 所示。

对话框左侧为微控制器的厂商品牌和型号，由于之前只安装了 STM32F1 系列芯片的器件支持包 "STMicroelectronics STM32F1 Series Devices Support"，所以只有该系列的芯片可供选择。

如图 8-5 所示，单击器件系列前的 "+" 号，并向下滑动滚动条，选择本项目采用的 MCU 芯片型号为 STM32F103ZE，在对话框的右侧出现了该芯片拥有的资源情况。

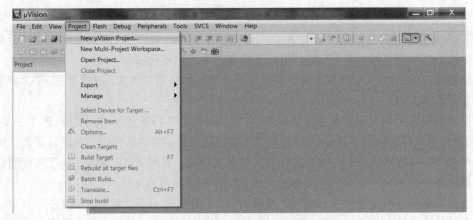

图8-3　在MDK中新建工程项目

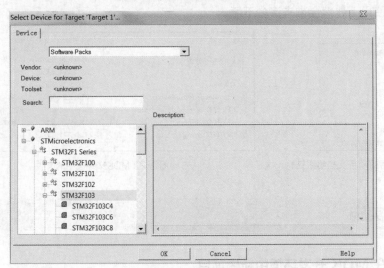

图8-4　器件选择对话框

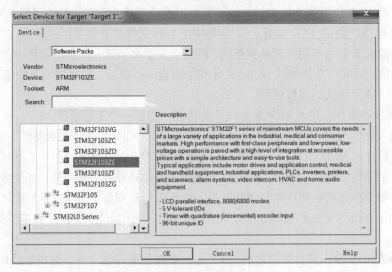

图8-5　选定器件为STM32F103ZE

单击"OK"按钮后，会弹出图 8-6 所示的项目运行环境管理对话框，在此对话框中可以选择项目要用到的 STM32 外设、文件系统、图形界面、网络接口等。由于在本书中我们采用了精简的文档组织结构，包括对标准外设库驱动文件的打包处理，故而这里选择直接关闭对话框，不需要进行设置。

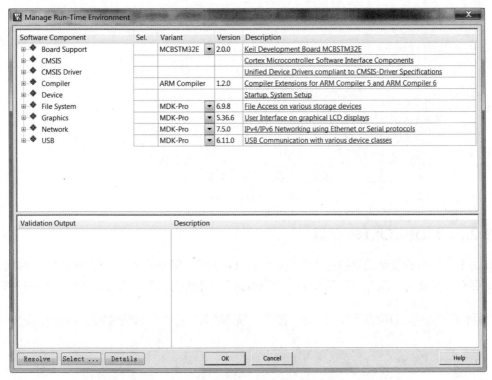

图8-6　项目运行环境管理对话框

至此，一个空的工程项目"LED"建立完毕，接下来就要组织项目的具体内容了。

对于嵌入式编程而言，实际的工程项目是比较复杂的，往往包含了多个应用代码文件和众多的驱动文件。为了让工程项目有一个比较清晰的架构，我们需要对文件和资源进行分组管理。

单击菜单栏"Project"中的菜单项"Manage"中的"Project Items..."选项，进入如图 8-7 所示的项目架构管理对话框，首先将 Target1 改写为"LED"，然后单击 Groups 栏中的"New/Insert"按钮（图 8-7 中上方圆圈内）新建两个分组，分别命名为 APP 和 LIB。

APP 分组用来存放项目的应用源代码，单击 Files 栏下的"Add Files"按钮（图 8-7 中下方圆圈内），将图 8-1 中 APP 文件夹中的"main.c"文件添加到 APP 分组中。

LIB 分组用来存放 STM32 标准外设库的库文件，将图 8-1 中 FWLIB 文件夹中的"stm32f10x_hd_fw.lib"文件添加到 LIB 分组中。

现在，我们就搭建好了一个简单的工程项目，但还需要对项目参数进行正确的配置。

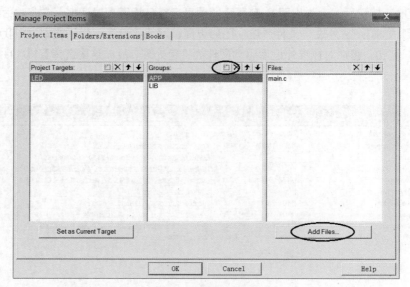

图8-7　项目的组织架构

8.2.2　MDK 工程项目配置

单击工具栏中的项目配置按钮"Options for Target"（图 8-8 中上方圆圈内），会弹出项目配置对话框，需要对"Output""C/C++""Debug""Utilities"四个选项卡进行配置或检查。

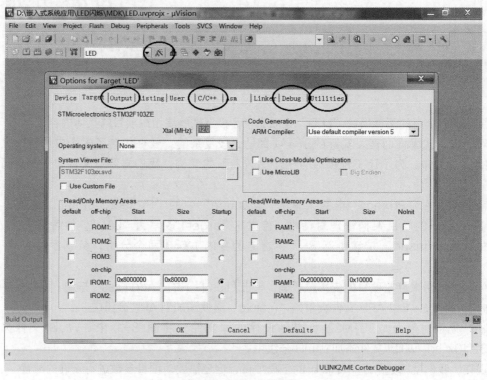

图8-8　项目配置对话框

首先要配置的是"Output"选项卡，如图 8-9 所示，勾选其中的"Create HEX File"复选框（图中圆圈内），含义是在编译时输出 HEX 文件，HEX 文件可以下载到 STM32 微控制器芯片中运行。

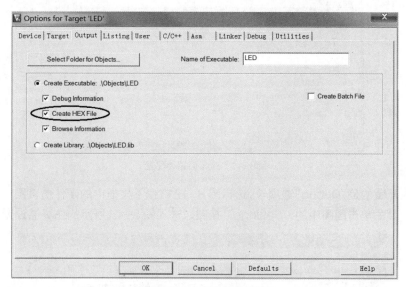

图8-9　"Output"选项卡配置

其次要配置的是"C/C++"选项卡，如图 8-10 所示，单击"Include Paths"（包含路径）栏后面的按钮（图中圆圈处），弹出图 8-11 所示的对话框。

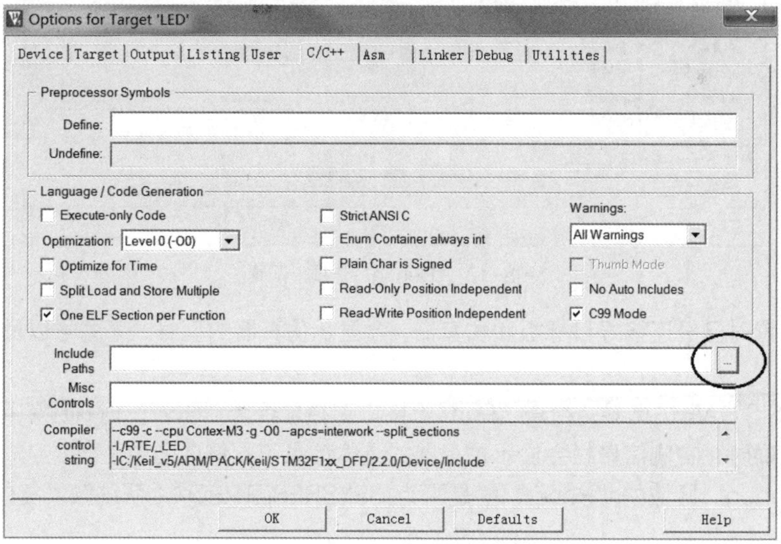

图8-10　"C/C++"选项卡配置

单击图 8-11 圆圈中的"New/Insert"按钮（图中圆圈处），添加图 8-1 项目文档组织结构中的 INC、CM3 和 APP 三个文件夹。

此设置完成后，在编译项目时一旦遇到 include 宏指令，编译器会按照指定的 include 文件夹顺序查找被包含的文件。在复杂项目中，根据需要可能还要添加其他文件夹。

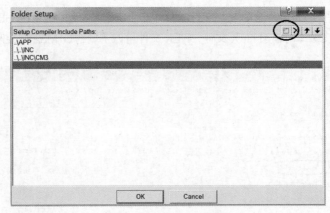

图8-11　include路径配置

第三个要配置的是"Debug"选项卡,选择图 8-12 右侧下拉框中的硬件仿真器"CMSIS-DAP Debugger",然后单击圆圈中的 "Settings" 按钮,进入图 8-13 所示的仿真器设置对话框。

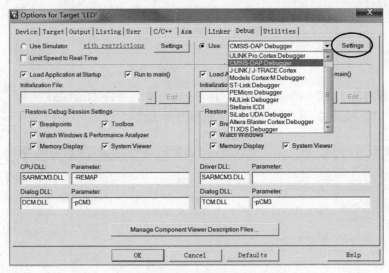

图8-12　"Debug" 选项卡配置

如果在设置时已经连接好目标板和仿真器,会显示仿真器的型号、序列号以及固件版本(左侧圆圈中)。

对于 CMSIS DAP 仿真器,检查"Port"(接口)栏是否为"SW",时钟频率可以保持默认,当接口选择正确时,右侧信息栏会显示仿真器的具体信息(右侧圆圈中)。

检查"Debug"区域的"Reset"栏是否为"SYSRESETREQ"(系统触发复位),其余均保持默认设置。

然后配置"Flash Download"选项卡,如图 8-14 所示,勾选"Reset and Run"复选框(图中圆圈处),并确认下方"Programming Algorithm"编程算法栏中的设置正确,单击"OK"按钮确认返回。

第四个要配置的是"Utilities"选项卡,如图 8-15 所示,确保其中的"Use Debug Driver"复选框(图中圆圈处)被勾选。

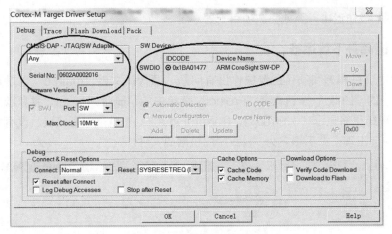

图8-13 仿真器设置对话框

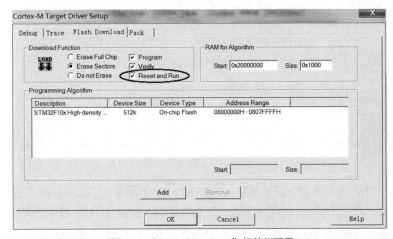

图8-14 "Flash Download"标签栏配置

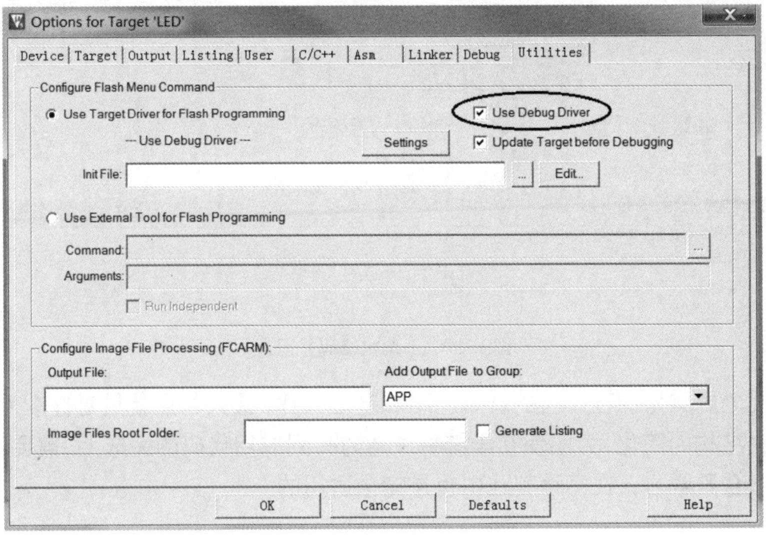

图8-15 "Utilities"选项卡设置

单击"OK"按钮退出，至此完成项目配置。

8.2.3　编译并下载运行

如果前面的项目构建和项目配置操作没有问题，源代码文件"main.c"也是正确的，单击图 8-16 圆圈中的"Build"按钮或者"Project"菜单中的"Build Target"菜单项对项目进行编译，下方的编译结果将显示"0 Error(s)，0 Warning(s)"，也就是没有错误、没有警告。在项目文件夹 MDK 中会出现一个后缀名为"Hex"的机器码文件。

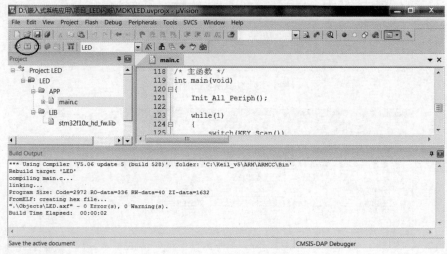

图8-16　工程项目编译

此时连接好目标板、仿真器以及计算机，单击图 8-17 圆圈中的"Download"按钮或者"Flash"菜单中的"Download"菜单项，就可以将编译好的机器码下载到 STM32 芯片的闪存中并开始运行。

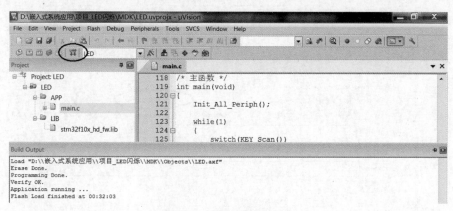

图8-17　下载机器码并运行

本项目呈现的内容是课程学习的基本思路和基础操作，最大特点就是对标准外设库的进一步封装和对文件夹结构的简化，力图使初学者将注意力转到应用代码的完成上。需要特别指出的是，这种方法不但适合于学习，在工程实践中也是完全适用的。

第 9 章
实训项目 2——按键控制 LED 亮灭

 学习目标

本项目使用 STM32 目标板上的三个按键 K1、K2、K3 分别控制对应的三个发光二极管 LED1、LED2、LED3 的亮灭状态。项目要达成的学习目标包括以下几点：

1. 了解 STM32 微控制器程序设计的基本思路
2. 了解 STM32 微控制器通用输入/输出端口 GPIO 的基本结构和控制方法

9.1 相关知识

9.1.1 STM32F103 微控制器通用输入/输出端口 GPIO 的基本结构

通用目的输入/输出（General Purpose Input & Output）端口也称 GPIO 端口，是微控制器中最简单也是最常用的外设，由于资源所限，其他外设往往要与 GPIO 端口复用芯片的引脚。

STM32F103 微控制器（以下简称 STM32）的 GPIO 端口资源数量比较丰富，根据芯片封装的不同，最多拥有 GPIOA、GPIOB、GPIOC、…、GPIOG 等 7 组端口，每组 GPIO 端口最多拥有 Pin0~Pin15 共 16 个引脚。根据连接对象的不同，GPIO 端口的每一个引脚都可以独立设置成不同的工作模式。

图 9-1 所示为 STM32 微控制器 GPIO 端口的基本结构框图，在涉及 GPIO 的编程中，实际上就是对框图中的寄存器进行读写操作，并通过寄存器控制相关电路。

GPIO 引脚处的两个保护二极管分别接电源电压和电源地，当外部电路由于某种原因产生浪涌电压并被导入 GPIO 引脚时，如果浪涌电压高于 V_{DD} 电源电压，上面的保护二极管导通，浪涌电压通过电源电路被滤波电容吸收泄放掉；当导入的浪涌电压低于电源地 V_{SS} 时，下面的保护二极管导通，浪涌电压同样被滤波电容吸收泄放掉，从而避免浪涌电压对芯片内部电路造成损害。

图 9-1 中上部的虚线框是 GPIO 端口的输入部分，通过程序可以控制图中的电子开关使 GPIO 工作在输入上拉、输入下拉或者浮空输入模式，输入信号根据工作模式的不同可以经过肖特基施密特触发器整形后，送到输入数据寄存器或者复用输入，也可以直接送到模拟输入。

图 9-1 中下部的虚线框是 GPIO 端口的输出部分，其数据来源可以是输出数据寄存器或者复用输出。通过程序可以控制图中上下两个 MOS 管同时工作，此时 GPIO 工作在推挽输出模式；或者让上面的 MOS 管截止，只控制下面的 MOS 管，此时 GPIO 工作在开漏输出模式。

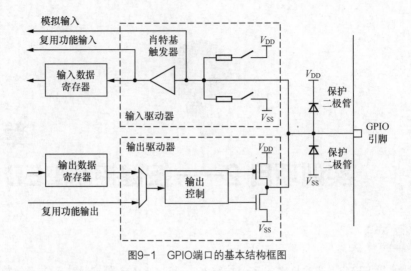

图9-1　GPIO端口的基本结构框图

9.1.2 GPIO 的工作模式

STM32 微控制器 GPIO 端口的每一个引脚都可以根据作用对象的不同，独立地配置成 8 种不同的工作模式，GPIO 端口的工作模式及其典型应用场景如表 9-1 所示。

表 9-1　GPIO 端口的工作模式及其典型应用场景

工作模式		典型应用场景
输入	浮空输入	串行通信的信号接收
	上拉输入	按键输入
	下拉输入	按键输入
	模拟输入	AD 转换的模拟信号
输出	推挽输出	LED 驱动
	开漏输出	输出电平转换
	复用推挽输出	串行通信的信号发送
	复用开漏输出	复用输出的电平转换

上拉输入模式的典型应用场景如图 9-2 所示。图 9-2（a）为传统的微处理器按键输入电路原理图，为了保证在按键按下后微处理器能够检测到一个确定的电平变化，在按键下端接地的情况下，上端应该接入一个连接到电源电压 V_{DD} 的上拉电阻。

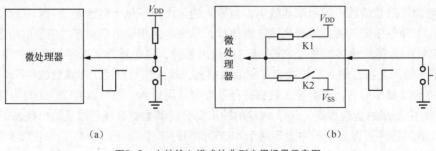

（a）　　　　　　　　　　　　　　　（b）

图9-2　上拉输入模式的典型应用场景示意图

STM32 微控制器的 GPIO 内部电路结构中，输入端有两个电阻，分别通过两个电子开关连接到电源电压 V_{DD} 和电源地 V_{SS}。在按键下端接地的情况下，可以通过程序配置让 GPIO 工作在上拉输入模式，此时连接电源电压 V_{DD} 的电子开关 K1 闭合，连接电源地 V_{SS} 的电子开关 K2 开启。如图 9-2（b）所示，相当于在芯片 GPIO 内部连接了一个上拉电阻，这样可以保证在按键按下后微处理器能够检测到一个明确的电平变化。

GPIO 的上拉输入模式可以减少芯片外置的上拉电阻，在一定程度上降低元器件成本并减少元器件占用印刷电路板（PCB）的空间，元器件数量的减少也可以在一定程度上提高产品的可靠性。

GPIO 的下拉输出模式也有类似的效果。

推挽输出模式的典型应用场景如图 9-3 所示。图 9-3（a）中通过输出逻辑控制上面接电源电压 V_{DD} 的场效应管导通，同时控制下面接电源地 V_{SS} 的场效应管截止，从而将外部连接的 LED 点亮；图 9-3（b）中通过输出逻辑控制上面接电源电压 V_{DD} 的场效应管截止，同时控制下面接电源地 V_{SS} 的场效应管导通，从而使外部连接的 LED 熄灭。

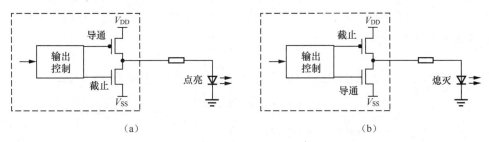

（a）　　　　　　　　　　　　　　　　（b）

图9-3　推挽输出模式的典型应用场景示意图

开漏输出模式的典型应用场景如图 9-4 所示。在这种工作模式下，通过输出逻辑控制将上面接电源电压 V_{DD} 的场效应管截止，只控制下面接电源地 V_{SS} 的场效应管，就好像下面的场效应管的漏极处于悬空状态，故称之为开漏输出。

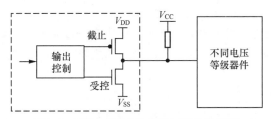

图9-4　开漏输出模式的典型应用场景示意图

这种工作模式能够很方便地用于 STM32 驱动不同电压等级的器件，只需要在输出端接入一个电阻并上拉至后级相应的 V_{CC} 电压即可。

9.1.3　GPIO 端口编程涉及的标准外设库函数

前面推荐大家使用 STM32 的标准外设库进行程序设计，表 9-2 中就是本项目涉及的 GPIO 端口编程中要用到的标准外设库函数，我们只需要简单了解函数的作用，在具体分析代码时再做详细讨论。

表 9-2　本项目 GPIO 编程涉及的标准外设库函数

函数名称	函数作用
RCC_APB2PeriphClockCmd()	控制 GPIO 的时钟
GPIO_Init()	初始化配置 GPIO
GPIO_SetBits()	将指定 GPIO 引脚置高电平
GPIO_ResetBits()	将指定 GPIO 引脚置低电平
GPIO_ReadInputDataBit()	读取指定 GPIO 引脚电平

9.2 项目实施

9.2.1 硬件电路实现

本项目主要分为两部分：首先是按键的感知，其次是 LED 的亮灭控制，都需要通过 STM32 微控制器 GPIO 的输入输出引脚来实现。本项目的控制对象是三个 LED 和三个按键，它们与 GPIO 引脚的连接如图 9-5 所示。

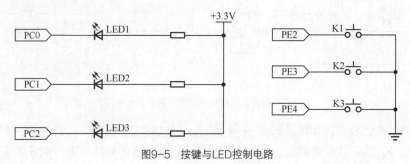

图9-5　按键与LED控制电路

可以看到，LED1~LED3 的阳极分别通过限流电阻连接到 3.3V 电源，阴极分别连接到 STM32 微控制器 GPIOC 的 PC0、PC1、PC2 三个引脚。

如果我们控制某个 GPIO 引脚输出低电平，则对应 LED 点亮；如果控制某个 GPIO 引脚输出高电平，则相应 LED 熄灭。根据表 9-1 的描述，这里将与 LED 连接的 GPIO 引脚设置成推挽输出模式。

同样的，三个按键 K1~K3 的一端分别连接到芯片 GPIOE 的 PE2、PE3、PE4 引脚，另外一端则连接到电源地。很显然，在按下其中某个按键后，对应的 GPIO 引脚将输入低电平，为了在按键未按下时对应的 GPIO 引脚能有一个明确的高电平输入以示区分，我们需要将对应引脚设置成输入上拉模式。

9.2.2 程序设计思路

软件流程图是帮助设计人员厘清设计思路的重要工具。在学习嵌入式编程时，一定要养成良好的习惯，初始设计阶段从软件流程图开始，逐步优化后再将流程图转化成具体的代码，往往会起到事半功倍的效果，进而提高编程效率。

对于涉及硬件驱动的嵌入式编程而言，本书所有项目的软件流程都由初始化代码和功能实现代码两部分构成。

　　本项目主要的软件流程如图 9-6 所示。首先在初始化所有外设函数中完成系统时钟初始化以及按键和 LED 占用的 GPIO 端口初始化；然后，在主循环中完成按键扫描以及按键处理，以实现按键对 LED 亮灭的控制。

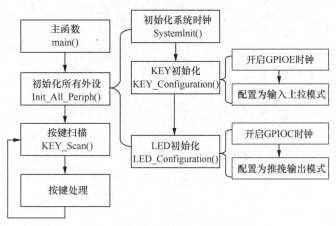

图9-6　按键控制LED亮灭的软件流程

9.2.3　程序代码分析

首先来看一下项目主函数 main()的代码。

主函数 main()的代码

```
1.   int main(void)
2.   {
3.       Init_All_Periph();                              //初始化外设
4.
5.       while(1)
6.       {
7.           switch(KEY_Scan())                          //扫描按键
8.           {
9.               case 1:                                 //按键 1 处理
10.                  if(GPIO_ReadOutputDataBit(GPIOC, GPIO_Pin_0)!= 0)
                                                         //判断 LED1 状态
11.                      GPIO_ResetBits(GPIOC,GPIO_Pin_0);  //LED1 亮
12.                  else
13.                      GPIO_SetBits(GPIOC,GPIO_Pin_0);    //LED1 灭
14.                  break;
15.
16.              case 2:                                 //按键 2 处理
17.                  if(GPIO_ReadOutputDataBit(GPIOC, GPIO_Pin_1)!= 0)
                                                         //判断 LED2 状态
18.                      GPIO_ResetBits(GPIOC,GPIO_Pin_1);  //LED2 亮
```

```
19.                        else
20.                            GPIO_SetBits(GPIOC,GPIO_Pin_1);        //LED2 灭
21.                        break;
22.
23.                    case 3:                                       //按键 3 处理
24.                        if(GPIO_ReadOutputDataBit(GPIOC, GPIO_Pin_2)!= 0)
                                                                     //判断 LED3 状态
25.                            GPIO_ResetBits(GPIOC,GPIO_Pin_2);   //LED3 亮
26.                        else
27.                            GPIO_SetBits(GPIOC,GPIO_Pin_2);        //LED3 灭
28.                        break;
29.
30.                    default:
31.                        break;
32.                }
33.        }
34.    }
```

C 语言代码是从 main()函数开始执行的，main()函数中首先运行的是代码第 3 行的初始化所有外设函数 Init_All_Periph()，它的定义如下：

初始化所有外设函数 Init_All_Periph()的代码

```
1.    void Init_All_Periph(void)
2.    {
3.        SystemInit();                              //系统时钟初始化配置
4.        LED_Configuration();                       //LED 对应 GPIO 配置
5.        KEY_Configuration();                       //按键对应 GPIO 配置
6.    }
```

在本书中，会按照功能模块分别进行外设初始化配置。在初始化所有外设函数 Init_All_Periph()中调用了三个函数，其作用分别如下。

SystemInit()用来初始化芯片的主频以及内部时钟总线的频率，此函数出现在代码中是为了保证兼容性，在使用 3.5 版本 STM32 标准外设库时，此函数不是必需的。

LED_Configuration()用来对 LED 使用的 GPIO 口进行初始化配置。

KEY_Configuration()用来对按键使用的 GPIO 口进行初始化配置。

下面具体分析 LED_Configuration()函数如何实现对相关 GPIO 引脚的初始化配置。

LED 初始化函数 LED_Configuration()的代码

```
1.    void LED_Configuration(void)
2.    {
3.        GPIO_InitTypeDef GPIO_InitStructure;
4.
5.        RCC_APB2PeriphClockCmd(RCC_APB2Periph_GPIOC, ENABLE );
                                                   //使能 GPIOC 时钟
6.
```

```
7.          GPIO_InitStructure.GPIO_Pin = GPIO_Pin_0|GPIO_Pin_1|GPIO_Pin_2;
8.          GPIO_InitStructure.GPIO_Mode = GPIO_Mode_Out_PP;    //推挽输出模式
9.          GPIO_InitStructure.GPIO_Speed = GPIO_Speed_50MHz; //输出速率50MHz
10.         GPIO_Init(GPIOC, &GPIO_InitStructure);             //GPIO初始化函数
11.
12.         GPIO_SetBits(GPIOC,GPIO_Pin_0);                    //LED1灭
13.         GPIO_SetBits(GPIOC,GPIO_Pin_1);                    //LED2灭
14.         GPIO_SetBits(GPIOC,GPIO_Pin_2);                    //LED3灭
15.     }
```

代码第 5 行中的函数 RCC_APB2PeriphClockCmd()在 STM32 标准外设库中定义，其作用是使能外设 GPIOC 的时钟。

此函数的详细说明在第 5 章"STM32 的系统时钟"中介绍过，在这里我们只需要知道为了降低芯片的功耗，STM32 各个外设的时钟在芯片复位后是默认关闭的，用到哪个外设使能相应的时钟信号即可。

函数代码的第 3 行定义了一个类型为 GPIO_InitTypeDef 的结构体变量 GPIO_Structure，用于完成 GPIO 端口的初始化，此结构体定义了三个成员，作用与取值分别如表 9-3 所示。

表 9-3　结构体 GPIO_InitTypeDef 的成员及其作用与取值

结构体成员的名称	结构体成员的作用	结构体成员的取值	描述
GPIO_Pin	选择待设置的 GPIO 引脚	GPIO_Pin_None	无引脚被选中
		GPIO_Pin_0~GPIO_Pin_15	选中某引脚
		GPIO_Pin_All	选中全部引脚
GPIO_Speed	设置选中引脚的输出速率	GPIO_Speed_2MHz	输出速率 2MHz
		GPIO_Speed_10MHz	输出速率 5MHz
		GPIO_Speed_50MHz	输出速率 10MHz
GPIO_Mode	设置选中引脚的工作模式	GPIO_Mode_AIN	模拟输入
		GPIO_Mode_IN_FLOATING	浮空输入
		GPIO_Mode_IPD	下拉输入
		GPIO_Mode_IPU	上拉输入
		GPIO_Mode_Out_OD	开漏输出
		GPIO_Mode_Out_PP	推挽输出
		GPIO_Mode_AF_OD	复用开漏输出
		GPIO_Mode_AF_PP	复用推挽输出

根据表 9-3 的描述，函数代码第 7 行选择了要配置的 GPIOC 端口的 3 个引脚 Pin0、Pin1 和 Pin2，注意这里使用"位或"运算同时选择了多个 GPIO 引脚。

代码第 8 行是选择 GPIO 引脚工作模式为推挽输出模式，用以驱动 LED。

代码第 9 行的作用是配置 GPIO 引脚的输出频率为 50MHz，一般而言，此参数的配置应该根据控制对象的具体情况而定，本着够用即可的原则尽量选择较低频率，以达到减小干扰和降低功耗的目的。

在完成对初始化结构体变量成员的赋值后，代码第 10 行调用 STM32 标准外设库中的 GPIO

初始化函数 GPIO_Init()，让配置生效。此函数的第一个参数为需要配置的 GPIO 端口，取值范围为 GPIOA～GPIOE，第二个参数为上面定义的初始化结构体变量 GPIO_Structure 的指针。

最后，代码第 12～14 行调用标准外设库函数 GPIO_SetBits()，作用是让 LED 对应的三个引脚输出高电平，也就是熄灭 LED。此函数的第一个参数是需要操作的 GPIO 端口，第二个参数为需要输出高电平的具体引脚。

对于按键相关 GPIO 引脚的初始化配置，可以通过调用函数 KEY_Configuration() 来实现，其函数代码如下：

按键初始化函数 KEY_Configuration() 的代码

```
void KEY_Configuration(void)
{
    GPIO_InitTypeDef GPIO_InitStructure;

    RCC_APB2PeriphClockCmd(RCC_APB2Periph_GPIOE, ENABLE ); //使能 GPIOE 时钟

    GPIO_InitStructure.GPIO_Pin =GPIO_Pin_2|GPIO_Pin_3|GPIO_Pin_4;
    GPIO_InitStructure.GPIO_Mode = GPIO_Mode_IPU;           //输入上拉模式
    GPIO_Init(GPIOE, &GPIO_InitStructure);                  //GPIO 初始化函数
}
```

该函数的内容与 LED 配置类似，只不过将 GPIO 的工作模式变成了输入上拉模式，由于 GPIO 工作在输入模式，所以不必定义输出速率。

在完成全部外设的初始化配置后，程序进入 while(1) 无限循环，在 switch 语句中调用了按键扫描函数 KEY_Scan() 来判断是否有按键按下并读取键值，函数定义如下：

按键扫描函数 KEY_Scan() 的代码

```
1.    u8 KEY_Scan()
2.    {
3.        if(GPIO_ReadInputDataBit(GPIOE,GPIO_Pin_2)==0 //检测按键是否按下
4.            ||GPIO_ReadInputDataBit(GPIOE,GPIO_Pin_3)==0
5.            ||GPIO_ReadInputDataBit(GPIOE,GPIO_Pin_4)==0)
6.        {
7.            Delay_ms(100);                             //按键防抖延时
8.
9.            if(GPIO_ReadInputDataBit(GPIOE,GPIO_Pin_2)==0) //检测 KEY1
是否按下
10.               return 1;
11.
12.           else if(GPIO_ReadInputDataBit(GPIOE,GPIO_Pin_3)==0) // 检 测
KEY2 是否按下
13.               return 2;
14.
15.           else if(GPIO_ReadInputDataBit(GPIOE,GPIO_Pin_4)==0) // 检测
KEY3 是否按下
```

```
16.                  return 3;
17.        }
18.        return 0;                              //无按键按下
19.    }
```

代码第 3~5 行首先调用了标准外设函数 GPIO_ReadInputDataBit()来读取相应 GPIO 引脚电平，以判断是否有按键按下。函数的第一个参数为需要读取的 GPIO 端口，第二个参数为需要读取的具体引脚，这里通过逻辑或操作一次读取了三个按键对应的 GPIO 引脚状态。

如果有按键按下，则经过延时函数 Delay_ms(100)的防抖处理后，再次调用标准外设库函数 GPIO_ReadInputDataBit()，分别判断三个按键对应的 GPIO 引脚电平以确定具体键值并返回。

现在回到主函数 main()的代码，在调用 KEY_Scan()函数获取按键键值后，根据键值分别调用标准外设库函数 GPIO_ReadOutputDataBit()读取对应 LED 的输出状态，函数的第一个参数为需要读取的 GPIO 口，第二个参数为需要读取的具体引脚。

根据读取的 LED 状态，分别调用标准外设库函数 GPIO_SetBits()或者 GPIO_ResetBits()控制 LED 的亮灭。

在 MDK 中将项目成功编译后下载运行，可以用三个按键分别控制三个对应 LED 的亮灭。

9.3 拓展项目——按键控制 LED 闪烁频率

9.3.1 项目内容

要求在本章对 GPIO 控制的基础上，配合延时函数的使用，实现如下功能：
（1）按下按键 K1 后，LED1 以 10Hz 频率闪烁；
（2）按下按键 K2 后，LED1 以 5Hz 频率闪烁；
（3）按下按键 K3 后，LED1 以 1Hz 频率闪烁。

9.3.2 项目提示

目前为止，我们仅学习了使用查询方式对按键连接的 GPIO 端口进行检测，LED 的闪烁控制也只能使用延时函数来实现。

在调用延时函数期间，由于 STM32 微控制器不能及时对 GPIO 端口进行检测，会导致按键操作的实时性和灵敏度大大降低。

通过拓展项目的实施，引出了解决按键灵敏度的方法，即实训项目 3 中要学习的外部中断。

Chapter
10

第 10 章
实训项目 3——按键控制 LED 闪烁频率（外部中断）

本项目使用 STM32 控制板上的三个按键 K1、K2、K3 分别控制对应的三个发光二极管 LED1、LED2、LED3 的闪烁频率，其中，按键感知采用外部中断方式实现，LED 闪烁采用延时函数方式实现。项目要达成的学习目标包括以下几点：

1. 了解 STM32 的中断控制机制
2. 了解 STM32 外部中断的编程方法
3. 了解宏定义在 C 语言编程中的作用

10.1 相关知识

10.1.1 STM32F103 微控制器的中断系统

在项目 2 的主函数中，可以看到在经过初始化配置之后，程序会进入一个 while(1)循环，这个循环也称为主循环。按键扫描以及 LED 控制等操作都是在主循环中完成的。

但是，在实际控制系统设计中，当发生了某种紧急情况需要微处理器做出迅速响应时，在主循环中按部就班的处理方式是很难满足控制系统的实时性要求的，这个时候就需要中断发挥作用了。

中断是 CPU 处理外部设备突发事件的一种手段。当事件发生时，CPU 会暂停当前的程序运行，转而去运行处理突发事件的程序（即中断服务函数），处理完之后又会返回到中断点继续执行原来的程序。

Arm Cortex-M3 内核支持 256 个中断，包括 16 个内核中断和 240 个外设中断，拥有 256 个中断优先级别，但是 STM32F103（以下简称 STM32）微控制器并没有使用 Cortex-M3 内核的全部中断资源。

表 10-1 所示为 Cortex-M3 内核的 16 个中断通道及其对应的中断向量表，在这 16 个内核中断中，日常编程经常会用到 SysTick（系统滴答定时器）中断。

表 10-1　Cortex-M3 内核的 16 个中断通道及其中断向量表

位置	优先级	优先级类型	名　称	说　明	地　址
—	—	—	—	保留	0x0000_0000
—	−3 最高	固定	Reset	复位	0x0000_0004
—	−2	固定	NMI	不可屏蔽中断	0x0000_0008
—	−1	固定	硬件失效	所有类型的失效	0x0000_000C
—	0	可设置	存储管理	存储器管理	0x0000_0010
—	1	可设置	总线错误	预取指失败，存储器访问失败	0x0000_0014
—	2	可设置	错误应用	未定义的指令或非法状态	0x0000_0018
—	—	—	—	保留	0x0000_001C
—	—	—	—	保留	0x0000_0020
—	—	—	—	保留	0x0000_0024
—	—	—	—	保留	0x0000_0028
—	3	可设置	SVCall	通过 SWI 指令的系统服务调用	0x0000_002C
—	4	可设置	调试监控	调试监控器	0x0000_0030
—	—	—	—	保留	0x0000_0034
—	5	可设置	PendSV	可挂起的系统服务	0x0000_0038
—	6	可设置	SysTick	系统嘀嗒定时器	0x0000_003C

除了以上 16 个内核中断外，STM32F103 系列微控制器还拥有 60 个可屏蔽的中断通道，分别对应各自的中断向量，如表 10-2 所示。这里的中断向量，实际上就是中断服务函数的指针，一旦中断被响应，会自动运行该指针指向的中断服务函数。

表 10-2　STM32F103 系列微控制器可屏蔽中断通道及其中断向量表

位置	优先级	优先级类型	名　称	说　明	地　址
0	7	可设置	WWDG	窗口定时器中断	0x0000_0040
1	8	可设置	PVD	连到 EXTI 的电源电压检测(PVD)中断	0x0000_0044
2	9	可设置	TAMPER	侵入检测中断	0x0000_0048
3	10	可设置	RTC	实时时钟(RTC)全局中断	0x0000_004C
4	11	可设置	FLASH	闪存全局中断	0x0000_0050
5	12	可设置	RCC	复位和时钟控制(RCC)中断	0x0000_0054
6	13	可设置	EXTI0	EXTI 线 0 中断	0x0000_0058
7	14	可设置	EXTI1	EXTI 线 1 中断	0x0000_005C
8	15	可设置	EXTI2	EXTI 线 2 中断	0x0000_0060
9	16	可设置	EXTI3	EXTI 线 3 中断	0x0000_0064
10	17	可设置	EXTI4	EXTI 线 4 中断	0x0000_0068
11	18	可设置	DMA1 通道 1	DMA1 通道 1 全局中断	0x0000_006C
12	19	可设置	DMA1 通道 2	DMA1 通道 2 全局中断	0x0000_0070
13	20	可设置	DMA1 通道 3	DMA1 通道 3 全局中断	0x0000_0074
14	21	可设置	DMA1 通道 4	DMA1 通道 4 全局中断	0x0000_0078
15	22	可设置	DMA1 通道 5	DMA1 通道 5 全局中断	0x0000_007C

续表

位置	优先级	优先级类型	名　　称	说　　明	地　　址
16	23	可设置	DMA1 通道 6	DMA1 通道 6 全局中断	0x0000_0080
17	24	可设置	DMA1 通道 7	DMA1 通道 7 全局中断	0x0000_0084
18	25	可设置	ADC1_2	ADC1 和 ADC2 的全局中断	0x0000_0088
19	26	可设置	USB_HP_CAN_TX	USB 高优先级或 CAN 发送中断	0x0000_008C
20	27	可设置	USB_LP_CAN_RX0	USB 低优先级或 CAN 接收 0 中断	0x0000_0090
21	28	可设置	CAN_RX1	CAN 接收 1 中断	0x0000_0094
22	29	可设置	CAN_SCE	CAN SCE 中断	0x0000_0098
23	30	可设置	EXTI9_5	EXTI 线[9:5]中断	0x0000_009C
24	31	可设置	TIM1_BRK	TIM1 刹车中断	0x0000_00A0
25	32	可设置	TIM1_UP	TIM1 更新中断	0x0000_00A4
26	33	可设置	TIM1_TRG_COM	TIM1 触发和通信中断	0x0000_00A8
27	34	可设置	TIM1_CC	TIM1 捕获比较中断	0x0000_00AC
28	35	可设置	TIM2	TIM2 全局中断	0x0000_00B0
29	36	可设置	TIM3	TIM3 全局中断	0x0000_00B4
30	37	可设置	TIM4	TIM4 全局中断	0x0000_00B8
31	38	可设置	I2C1_EV	I2C1 事件中断	0x0000_00BC
32	39	可设置	I2C1_ER	I2C1 错误中断	0x0000_00C0
33	40	可设置	I2C2_EV	I2C2 事件中断	0x0000_00C4
34	41	可设置	I2C2_ER	I2C2 错误中断	0x0000_00C8
35	42	可设置	SPI1	SPI1 全局中断	0x0000_00CC
36	43	可设置	SPI2	SPI2 全局中断	0x0000_00D0
37	44	可设置	USART1	USART1 全局中断	0x0000_00D4
38	45	可设置	USART2	USART2 全局中断	0x0000_00D8
39	46	可设置	USART3	USART3 全局中断	0x0000_00DC
40	47	可设置	EXTI15_10	EXTI 线[15:10]中断	0x0000_00E0
41	48	可设置	RTCAlarm	连到 EXTI 的 RTC 闹钟中断	0x0000_00E4
42	49	可设置	USB 唤醒	连到 EXTI 的从 USB 待机唤醒中断	0x0000_00E8
43	50	可设置	TIM8_BRK	TIM8 刹车中断	0x0000_00EC
44	51	可设置	TIM8_UP	TIM8 更新中断	0x0000_00F0
45	52	可设置	TIM8_TRG_COM	TIM8 触发和通信中断	0x0000_00F4
46	53	可设置	TIM8_CC	TIM8 捕获比较中断	0x0000_00F8
47	54	可设置	ADC3	ADC3 全局中断	0x0000_00FC
48	55	可设置	FSMC	FSMC 全局中断	0x0000_0100
49	56	可设置	SDIO	SDIO 全局中断	0x0000_0104

续表

位置	优先级	优先级类型	名　称	说　明	地　址
50	57	可设置	TIM5	TIM5 全局中断	0x0000_0108
51	58	可设置	SPI3	SPI3 全局中断	0x0000_010C
52	59	可设置	UART4	UART4 全局中断	0x0000_0110
53	60	可设置	UART5	UART5 全局中断	0x0000_0114
54	61	可设置	TIM6	TIM6 全局中断	0x0000_0118
55	62	可设置	TIM7	TIM7 全局中断	0x0000_011C
56	63	可设置	DMA2 通道 1	DMA2 通道 1 全局中断	0x0000_0120
57	64	可设置	DMA2 通道 2	DMA2 通道 2 全局中断	0x0000_0124
58	65	可设置	DMA2 通道 3	DMA2 通道 3 全局中断	0x0000_0128
59	66	可设置	DMA2 通道 4_5	DMA2 通道 4 和 DMA2 通道 5 全局中断	0x0000_012C

需要特别指出的是，STM32 的中断通道可能会由多个中断源共用，这意味着某一中断服务函数也可能会被多个中断源所共用，所以在中断服务函数的入口处需要有一个判断机制，用以辨别是哪个中断源触发了中断。

STM32 微控制器使用了 Cortex-M3 内核中一个称为嵌套向量中断控制器（NVIC）的设备对中断进行统一的协调和控制，其最主要的工作就是控制中断通道开放与否，以及确定中断的优先级别。

中断优先级决定一个中断是否能被屏蔽，以及在未屏蔽的情况下何时可以响应。优先级的数值越小，则优先级越高。

STM32 微控制器支持中断嵌套，高优先级中断会抢占低优先级中断。在 STM32 中有两个优先级的概念——抢占优先级（也称主优先级）和响应优先级（也称从优先级），每个中断都需要指定这两种优先级。

抢占优先级高的中断可以在抢占优先级低的中断处理过程中被响应，即中断嵌套，两个抢占优先级相同的中断没有嵌套关系。

如果两个抢占优先级相同的中断同时到达，NVIC 根据它们的响应优先级高低来决定先处理哪一个。如果中断的抢占优先级和响应优先级都相等，则根据表 10-1 和表 10-2 中的中断排位顺序决定先处理哪一个。

如表 10-3 所示，STM32 支持最多 16 个中断优先级，并且有 5 种优先级分组方式。

表 10-3　STM32 中断优先级分组

优先级组序号	抢占优先级		优先级控制位				响应优先级	
	最多级别数	控制位数	3	2	1	0	控制位数	最多级别数
第 0 组	0	0	1/0	1/0	1/0	1/0	4	16
第 1 组	2	1	1/0	1/0	1/0	1/0	3	8
第 2 组	4	2	1/0	1/0	1/0	1/0	2	4
第 3 组	8	3	1/0	1/0	1/0	1/0	1	2
第 4 组	16	4	1/0	1/0	1/0	1/0	0	0

对于某一个特定中断而言，要想让其顺利响应，必须在外设层面使能该中断，并且在 NVIC 中使能相应的中断通道并设置好优先级别。

10.1.2　STM32F103 微控制器的外部中断

外部中断 EXTI 是 STM32 微控制器实时处理外部事件的一种机制，由于中断请求主要来自 GPIO 端口的引脚，所以称为外部中断。

STM32F103 微控制器有 19 个能产生事件/中断请求的边沿检测器，每个输入线可以独立地配置输入类型（脉冲或挂起）和对应的触发事件（上升沿、下降沿或双边沿都可以触发），也可以独立地被屏蔽。挂起寄存器保持输入线的中断请求。

表 10-4 所示为外部中断线的连接关系以及与中断服务函数的对应情况，可以看到外部中断线 EXTI0~EXTI15 分别与相同序号的 GPIO 端口连接。

表 10-4　外部中断线的连接关系

中断线	连接对象		中断服务函数
EXTI0		PA0~PG0	专用
EXTI1		PA1~PG1	专用
EXTI2		PA2~PG2	专用
EXTI3		PA3~PG3	专用
EXTI4		PA4~PG4	专用
EXTI5		PA5~PG5	共用
EXTI6		PA6~PG6	
EXTI7		PA7~PG7	
EXTI8	GPIO 端口	PA8~PG8	
EXTI9		PA9~PG9	
EXTI10		PA10~PG10	共用
EXTI11		PA11~PG11	
EXTI12		PA12~PG12	
EXTI13		PA13~PG13	
EXTI14		PA14~PG14	
EXTI15		PA15~PG15	
EXTI16	PVD 输出		专用
EXTI17	RTC 闹钟		专用
EXTI18	USB 唤醒		专用

如图 10-1 所示，每个 GPIO 端口的引脚按序号分组，分别连接到 16 个外部中断线上，每组对应一个外部中断。

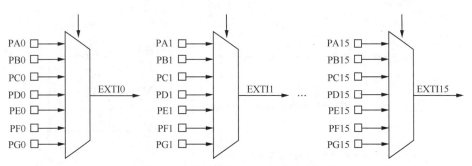

图10-1　外部中断与GPIO引脚的连接关系

图 10-1 中的梯形符号代表多选一电子开关，每次只能选通一个。例如 PA0 连接到 EXTI0 后，PB0 或者 PC0 等其他端口就不能再连接到 EXTI0 了。如果此时需要连接其他端口，则必须要先断开 PA0。

除了以上 16 个连接到 GPIO 端口的外部中断线外，还有 3 个外部中断线连接到了其他外设，其中，EXTI16 连接 PVD 输出、EXTI17 连接 RTC 闹钟事件、EXTI18 连接 USB 唤醒事件。

可编程电压监测器（Programmable Voltage Detector，PVD）的作用是监视供电电压，在供电电压下降到给定的阈值以下时，产生一个中断，通知软件做紧急处理。例如，在供电系统断电时，可以执行一些事关安全的紧急操作，并配合后备寄存器（BKP）紧急保存一些关键数据。

RTC 闹钟事件和 USB 唤醒事件从字面上很好理解，由于涉及其他外设，这里就不做具体介绍了。

10.1.3　外部中断编程涉及的标准外设库函数

表 10-5 中是本项目涉及的外部中断 EXTI 编程要用到的标准外设库函数，现在只需要简单了解函数的作用，在具体分析代码时再做详细讲解。

表 10-5　本项目外部中断 EXTI 编程所涉及的标准外设库函数

函数名称	函数作用
NVIC_PriorityGroupConfig()	中断优先级别分组配置
NVIC_Init()	初始化配置 NVIC
GPIO_EXTILineConfig()	连接外中断线到指定端口
EXTI_Init()	初始化配置外部中断
EXTI_GetITStatus()	得到外部中断状态
EXTI_ClearITPendingBit()	清除外部中断标志

10.2　项目实施

10.2.1　硬件电路设计

本项目的控制对象是三个 LED 和三个按键，具体与芯片 GPIO 端口的连接如图 10-2 所示，需要强调的是，本项目的按键控制机制采用外部中断方式，与实训项目 2 采用的按键扫描方式完全不同。

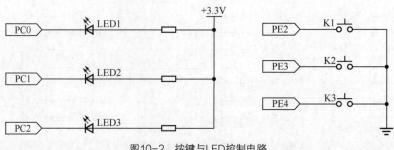

图10-2　按键与LED控制电路

与实训项目 2 一样，LED1～LED3 的阳极分别通过限流电阻连接到 3.3V 电源，阴极分别连接到芯片 GPIOC 的 PC0～PC2 引脚。如果我们控制某个 GPIO 引脚输出低电平，则相应 LED 点亮；如果控制某个 GPIO 引脚输出高电平，则相应 LED 熄灭，所以，我们要将对应引脚设置成推挽输出模式。

同样的，三个按键 K1～K3 的一端分别连接到芯片 GPIOE 的 PE2、PE3、PE4 引脚，另外一端则连接到电源地。很显然，在按下某个按键后，对应的 GPIO 引脚将输入低电平，为了在按键未按下时对应的 GPIO 引脚有一个明确的高电平输入以示区分，我们需要将对应引脚设置成上拉输入模式。

10.2.2　程序设计思路

本项目主要的软件流程如图 10-3 所示。首先，在初始化所有外设函数 Init_All_Periph()中完成系统时钟初始化、按键和 LED 占用的 GPIO 端口初始化以及外中断初始化；然后，在主循环中使用延时函数完成 LED 闪烁操作，按键 KEY 的感知和处理在外中断服务函数中完成。根据不同的外部中断设置不同的延时时间，从而达到改变 LED 闪烁频率的目的。

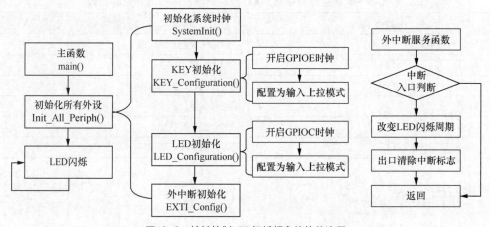

图10-3　按键控制LED闪烁频率的软件流程

10.2.3　程序代码分析

在项目 2 的代码中，使用标准外设库函数对 GPIO 端口进行操作以检测按键并控制 LED。例如，点亮 LED1 调用的函数代码如下：

```
GPIO_ResetBits(GPIOC,GPIO_Pin_0)
```

但是，仅从代码层面而不结合对应的电路原理图，并不能准确理解此函数代码的控制对象。为了让代码更加直观易读，在本项目中我们大量使用了宏定义指令"#define"对代码进行改写。

本项目的宏定义代码

```
/*LED 端口号宏定义*/
#define LED1     GPIO_Pin_0
#define LED2     GPIO_Pin_1
#define LED3     GPIO_Pin_2


/*按键端口号宏定义*/
#define KEY1     GPIO_Pin_2
#define KEY2     GPIO_Pin_3
#define KEY3     GPIO_Pin_4


/*读取按键宏定义*/
#define KEY1_STATUS      GPIO_ReadInputDataBit(GPIOE,KEY1)
#define KEY2_STATUS      GPIO_ReadInputDataBit(GPIOE,KEY2)
#define KEY3_STATUS      GPIO_ReadInputDataBit(GPIOE,KEY3)


#define LED1_OFF         GPIO_SetBits(GPIOC,LED1)
#define LED1_ON          GPIO_ResetBits(GPIOC,LED1)
#define LED2_OFF         GPIO_SetBits(GPIOC,LED2)
#define LED2_ON          GPIO_ResetBits(GPIOC,LED2)
#define LED3_OFF         GPIO_SetBits(GPIOC,LED3)
#define LED3_ON          GPIO_ResetBits(GPIOC,LED3)


/*读取 LED 状态宏定义*/
#define LED1_STATUS      GPIO_ReadOutputDataBit(GPIOC, LED1)
#define LED2_STATUS      GPIO_ReadOutputDataBit(GPIOC, LED2)
#define LED3_STATUS      GPIO_ReadOutputDataBit(GPIOC, LED3)
```

上述宏定义指令并不改变程序的运行，只是在程序编译时起作用，例如宏指令：

```
#define LED1     GPIO_Pin_0
```

的作用，就是在程序编译时告诉编译器，遇到代码中的 LED1 就以 GPIO_Pin_0 代替。

宏指令：

```
#define LED1_ON  GPIO_ResetBits(GPIOC,LED1)
```

的作用，就是在程序编译时告诉编译器，遇到代码中的 LED1_ON 就以 GPIO_ResetBits(GPIOC,LED1) 代替，此标准外设库函数的作用是将 PC0 口置 0，将 LED1 点亮。

以上宏指令的应用并没有改变程序运行的结果，但是我们一旦在代码中看到"LED1_ON"这条语句，就可以很直观地知道其作用是点亮 LED1，这无疑大大提高了代码的可读性。

现在分析一下主函数 main() 的代码。

主函数 main()代码

```
1.    int main(void)
2.    {
3.        Init_All_Periph();                    //初始化外设
4.
5.        while(1)
6.        {
7.            LED1_ON;                          //点亮 LED1
8.            Delay_ms(time_led);               //延时
9.
10.           LED1_OFF;                         //熄灭 LED1
11.           Delay_ms(time_led);               //延时
12.       }
13.   }
```

main()函数中首先运行的是初始化所有外设函数 Init_All_Periph()，它的定义如下：

初始化所有外设函数 Init_All_Periph()代码

```
1.    void Init_All_Periph(void)
2.    {
3.        SystemInit();                    //系统时钟初始化配置，3.5 版本非必须
4.        LED_Configuration();             //LED 对应 GPIO 配置
5.        KEY_Configuration();             //按键对应 GPIO 配置
6.        EXTI_Config();                   //外部中断配置
7.    }
```

初始化所有外设函数中运行的前三个函数与实训项目 2 完全一致，主要的变化是在代码第 6 行增加了一个函数 EXTI_Config()，用以对外部中断进行初始化配置。

现在具体看一下 EXTI_Config()函数如何实现对外部中断的配置。

外部中断初始化函数 EXTI_Config()代码

```
1.    void EXTI_Config(void)
2.    {
3.        EXTI_InitTypeDef    EXTI_InitStructure;
4.        NVIC_InitTypeDef    NVIC_InitStructure;
5.
6.        /*使能复用时钟*/
7.        RCC_APB2PeriphClockCmd(RCC_APB2Periph_AFIO, ENABLE);
8.
9.        /*外部中断线与 PE 口连接*/
10.       GPIO_EXTILineConfig(GPIO_PortSourceGPIOE, GPIO_PinSource2);
11.       GPIO_EXTILineConfig(GPIO_PortSourceGPIOE, GPIO_PinSource3);
12.       GPIO_EXTILineConfig(GPIO_PortSourceGPIOE, GPIO_PinSource4);
13.
14.       /*配置外部中断 2*/
15.       EXTI_InitStructure.EXTI_Line = EXTI_Line2;
16.       EXTI_InitStructure.EXTI_Mode = EXTI_Mode_Interrupt;
```

```
17.        EXTI_InitStructure.EXTI_Trigger = EXTI_Trigger_Rising;
18.        EXTI_InitStructure.EXTI_LineCmd = ENABLE;
19.        EXTI_Init(&EXTI_InitStructure);
20.
21.        /*配置外部中断 3*/
22.        EXTI_InitStructure.EXTI_Line = EXTI_Line3;
23.        EXTI_Init(&EXTI_InitStructure);
24.
25.        /*配置外部中断 4*/
26.        EXTI_InitStructure.EXTI_Line = EXTI_Line4;
27.        EXTI_Init(&EXTI_InitStructure);
28.
29.        /*中断优先级分组配置*/
30.        NVIC_PriorityGroupConfig(NVIC_PriorityGroup_4);
31.
32.        /*配置外部中断 2 优先级别*/
33.        NVIC_InitStructure.NVIC_IRQChannel = EXTI2_IRQn;
34.        NVIC_InitStructure.NVIC_IRQChannelPreemptionPriority = 0x00;
35.        NVIC_InitStructure.NVIC_IRQChannelSubPriority = 0x00;
36.        NVIC_InitStructure.NVIC_IRQChannelCmd = ENABLE;
37.        NVIC_Init(&NVIC_InitStructure);
38.
39.        /*配置外部中断 3 优先级别*/
40.        NVIC_InitStructure.NVIC_IRQChannel = EXTI3_IRQn;
41.        NVIC_Init(&NVIC_InitStructure);
42.
43.        /*配置外部中断 4 优先级别*/
44.        NVIC_InitStructure.NVIC_IRQChannel = EXTI4_IRQn;
45.        NVIC_Init(&NVIC_InitStructure);
46.    }
```

代码第 3 行定义了一个类型为 EXTI_InitTypeDef 的结构体变量 EXTI_InitStructure，用以完成外部中断的初始化配置，此结构体包含四个成员，如表 10-6 所示。

表 10-6 结构体 EXTI_InitTypeDef 的成员及其作用与取值

结构体成员的名称	结构体成员的作用	结构体成员的取值	描述
EXTI_Line	选择待使能或者禁用的外部线路	EXTI_Line0~EXTI_Line18	选取某个外中断通道
EXTI_Mode	设置被使能线路的模式	EXTI_Mode_Event	设置 EXTI 线路为事件请求
		EXTI_Mode_Interrupt	设置 EXTI 线路为中断请求
EXTI_Trigger	设置触发边沿	EXTI_Trigger_Falling	设置输入线路下降沿为中断请求
		EXTI_Trigger_Rising	设置输入线路上升沿为中断请求
		EXTI_Trigger_Rising_Falling	设置输入线路上升沿和下降沿为中断请求
EXTI_LineCmd	定义选中线路的新状态	ENABLE	使能
		DISABLE	禁用

代码第 4 行定义了一个类型为 NVIC_InitTypeDef 的结构体变量 NVIC_InitStructure,用于中断嵌套控制器的初始化配置,此结构体变量的成员定义如表 10-7 所示。

表 10-7 结构体 NVIC_InitTypeDef 的成员及其作用与取值

结构体成员的名称	结构体成员的作用	结构体成员的取值	描述
NVIC_IRQChannel	配置指定的中断通道	共 43 个独立或公用的中断通道	具体请查相关资料
NVIC_IRQChannelPreemptionPriority	设置抢占优先级	0~15	
NVIC_IRQChannelSubPriority	设置响应优先级	0~15	
NVIC_IRQChannelCmd	中断通道使能	ENABLE	使能
		DISABLE	禁用

代码第 7 行的作用是使能复用外设的时钟,这里的复用外设包括外部中断电路。

代码第 10~12 行将外部中断的 2、3、4 三根中断线与 GPIOE 对应端口连接,其中函数 GPIO_EXTILineConfig() 的第一个参数为 GPIO 端口,第二个参数为外部中断线序号。

代码第 15~18 行是对结构体变量 EXTI_InitStructure 的成员进行赋值,主要是设置外部中断线序号、设置外中断模式为 "EXTI_Mode_Interrupt"、设置触发方式为上升沿触发 "EXTI_Trigger_Rising" 以及使能该外部中断线。

代码第 19 行调用标准外设库函数 EXTI_Init() 完成对外部中断线 2 的初始化配置。

代码第 22~27 行完成对外部中断线 3 和外部中断线 4 的配置,三个中断的参数设置除了中断线序号外完全一致。

至此,外设 EXTI 层面的配置就已经完成了,还需要对中断嵌套控制器 NVIC 的相应中断通道进行配置,外部中断才能够被响应。

代码第 30 行调用 NVIC_PriorityGroupConfig() 函数选择优先级分组 4,按照表 10-3 的规定,也就是抢占优先级最多有 16 个级别,而响应优先级无级别划分。

代码第 33~36 行对结构体变量 NVIC_InitStructure 的成员进行赋值,主要是设置 NVIC 的中断通道号、中断通道的响应优先级和抢占优先级,并使能该中断通道。

代码第 37 行调用 NVIC 初始化函数 NVIC_Init() 完成对外部中断 2 通道的初始化配置。

代码第 40~45 行分别对外部中断 3 通道和外部中断 4 通道进行配置,三个中断通道的参数设置除了中断通道号之外完全一致。注意,三个外部中断通道选择的优先级别都是 0,意味着彼此之间不能嵌套。

回到 main() 函数,在完成初始化配置后,在 while(1) 无限循环中开始了 LED 延时亮灭,也就是闪烁的操作,但是并没有在循环中看到按键检测和改变延时时间,也就是改变 LED 闪烁频率的相关内容。

由于本项目的按键检测采用外部中断的方式实现,故将按键处理放在了外部中断服务函数中,其代码如下:

外部中断服务函数代码

```
1.    /*外部中断 2 服务函数*/
2.    void EXTI2_IRQHandler(void)
3.    {
```

```
4.          if(EXTI_GetITStatus(EXTI_Line2) != RESET)
5.          {
6.              time_led=100;
7.
8.              EXTI_ClearITPendingBit(EXTI_Line2);
9.          }
10.    }
11.
12.    /*外部中断 3 服务函数*/
13.    void EXTI3_IRQHandler(void)
14.    {
15.          if(EXTI_GetITStatus(EXTI_Line3) != RESET)
16.          {
17.              time_led=250;
18.
19.              EXTI_ClearITPendingBit(EXTI_Line3);
20.          }
21.    }
22.
23.    /*外部中断 4 服务函数*/
24.    void EXTI4_IRQHandler(void)
25.    {
26.          if(EXTI_GetITStatus(EXTI_Line4) != RESET)
27.          {
28.              time_led=500;
29.
30.              EXTI_ClearITPendingBit(EXTI_Line4);
31.          }
32.    }
```

可以看到，三个外部中断通道分别对应了三个外部中断服务函数，在函数中对延时函数 Delay_ms() 的参数 time_led 进行了赋值，通过延时时间的不同来改变 LED 闪烁频率。

根据表 10-4 的规定，STM32F103 微控制器的外部中断线 0~4 分别有自己的专用中断服务函数，而中断通道 5~9 共用一个中断服务函数，中断通道 10~15 共用一个中断服务函数，这种多个中断共用一个中断服务函数的情况，在其他外设的中断中也是常见的。

对于共用的中断服务函数，为了判断具体是响应了哪个中断，在进入中断服务函数时，需要对相应的中断状态进行判断。在初学阶段，为了避免出错，我们建议在所有中断服务函数的入口处都统一进行中断状态判断。例如，在上面的中断服务函数 void EXTI2_IRQHandler() 中，代码第 4 行在 if 语句中调用标准外设库函数 EXTI_GetITStatus() 判断对应的外部中断线状态，如果为 "1" 即产生了对应的外部中断，才能对延时参数 time_led 进行赋值，否则直接跳转退出中断服务函数。

在完成中断处理的操作后，需要清除对应的中断标志后才能退出中断服务函数，否则处理器会反复进入中断服务函数。例如，代码第 8 行在完成对 time_led 的赋值后，调用函数

EXTI_ClearITPendingBit()清除外部中断 2 的中断标志。

将项目编译并下载运行后，分别按下三个按键，LED 将以三种不同的频率闪烁。

10.3 拓展项目——LED 显示与按键动作的同步

10.3.1 项目内容

要求在本章对外部中断学习的基础上，实现如下功能：

（1）按下按键 K1 后，LED1 点亮；

（2）松开按键 K2 后，LED1 熄灭。

10.3.2 项目提示

与本章基础项目中外部中断的触发方式不同，拓展项目中要求外部中断的触发模式为上升沿与下降沿均可以，在外部中断服务函数中可根据当前中断线的电平决定点亮或者熄灭 LED。

11

第 11 章
实训项目 4——彩色 LCD 显示图片与文字

 学习目标

本项目是使用 STM32F103ZE 上的外设 FSMC 驱动彩色 LCD 显示屏，并显示图片和文字。项目要达成的学习目标包括以下几点：

1. 了解 STM32 的 FSMC 的编程方法
2. 了解彩色 LCD 的驱动方法

11.1 相关知识

11.1.1 STM32F103 微控制器的 FSMC

可变静态存储控制器（Flexible Static Memory Controller，FSMC）是增强型 STM32F103 微控制器芯片中的外设之一，主要用于外部存储设备的接口。

对于资深的嵌入式与单片机工程师而言，FSMC 实际上有几分复古的味道，弄清楚静态存储控制器这种外设的发展历程，有助于正确理解它的重要作用。

早期的微处理器芯片（例如 8051）虽然芯片内部集成了运算内核和定时器、USART、IO 端口等外设，但是由于芯片生产的工艺和成本所限，用于程序存储的 ROM 往往使用外置芯片，扩展数据存储器 RAM 也会使用外部芯片。这些外部芯片与微处理器之间除了地址总线和数据总线需要接口外，还有几个具备严格时序要求的读写控制信号（如 RD、WR、RW 等）以及片选信号（CS）需要连接。

这些接口控制信号按照数量和时序的不同，主要分为 8080 接口和 6800 接口。

8080 接口因为最初用于 Intel 公司的 8080 微处理器而得名，除了地址/数据总线之外，还包括片选信号 CS、写控制信号 WR、读控制信号 RD 等（均为低电平有效），其信号时序如图 11-1 所示，竖线代表读/写操作的时间点。

6800 接口源于摩托罗拉公司的 6800 微处理器，除了地址/数据总线之外，还包括使能信号 E、读写选择信号 W/R（低电平写、高电平读）等，其信号时序如图 11-2 所示，竖线代表读/写操作的时间点。

早期的单片机芯片由于需要连接外部 ROM 和 RAM 芯片，是具备这些控制信号线的，随着半导体芯片生产工艺水平的提高和成本的降低，特别是闪存存储器的广泛使用，单片机逐渐将

ROM 集成到芯片内部，内部 RAM 的容量也得到了很大提升，于是很多单片机（例如 PIC16 单片机和 AVR Mega16 单片机）取消了与这些外置存储芯片的接口控制线。

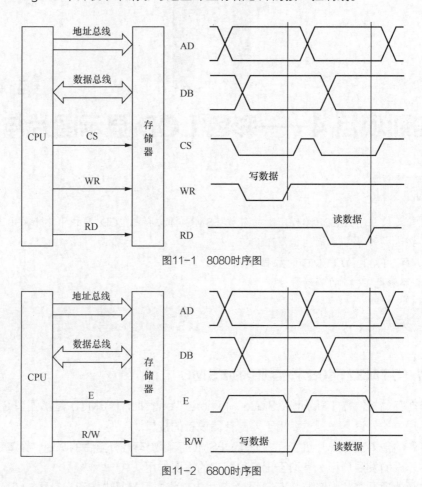

图11-1 8080时序图

图11-2 6800时序图

随着 Arm 内核微控制器的出现，微控制器的运算能力大大提高，控制对象也日益广泛，需要与之接口的外部器件也逐渐增多，包括静态随机存储器、只读存储器、闪存和 LCD 显示模块等。

FSMC 正是一种兼容 8080 接口和 6800 接口控制逻辑，并且性能得到很大增强的外部接口控制器。对于 STM32F103 系列芯片而言，FSMC 只存在于 100 引脚和 144 引脚的高密度和超高密度芯片中。

当 STM32 微控制器没有使用 FSMC 与外部存储器件或 LCD 模块连接时，需要使用 GPIO 端口模拟 8080 接口或者 6800 接口控制线的时序电平，这样无疑会增加额外的编程负担并降低数据处理效率。

当 STM32 微控制器使用内部的 FSMC 与外部存储器件或 LCD 模块连接时，接口控制线可以按照预先的配置对器件进行读写操作，自动产生 8080 接口或者 6800 接口控制时序电平，这将大大减轻编程的负担并提高数据处理效率。所以，FSMC 本质上是接口控制信号在高性能微控制器芯片上的一种回归。

在 STM32F103 微控制器中，FSMC 模块的地址空间分布与接口控制信号如图 11-3 所示。

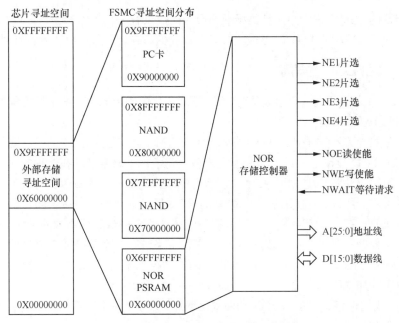

图11-3 FSMC的地址空间分布与接口控制信号

如图 11-3 所示，左侧为 Cortex-M3 内核的 32 位寻址空间，其中，0X60000000～0X9FFFFFFF 为外部存储设备的寻址空间。在 STM32F103 微控制器的 FSMC 中，这一段寻址空间又被分成四段，分配给不同接口特征的三种外部存储设备，包括 NOR/PSRAM、NAND（占据了两段）和 PC 卡。

这里的 NOR 指的是 NOR FLASH 存储器，PSRAM 指的是伪静态随机存储器，NAND 指的是 NAND FLASH 存储器。

根据彩色液晶驱动芯片的接口特征，我们选用 NOR/PSRAM 段，也就是从 0X60000000～0X6FFFFFFF 这段寻址空间。

NOR/PSRAM 段内部又分成了四部分，每部分 64MB，一共 256MB。所以，图中有 NE1～NE4 四根片选信号，可以外接四个存储设备。

 注意

FSMC 寻址空间的计量单位是字节，而 FSMC 对外的数据接口是兼容 8 位和 16 位的。如果接口是 8 位，则每个部分实际拥有 64MB 的寻址空间；如果接口是 16 位，则每个部分实际拥有的寻址空间减半，只有 32MB，地址的最后一位将失去寻址作用。这个特别之处对于理解后面程序设计中的一些细节是很有帮助的，必须要特别加以关注。

在外部存储器与 STM32F103ZE 微控制器进行连接时，需要根据外部存储器件的接口特征来配置 STM32 微控制器的总线时序，如果外部存储芯片接口速率较低，还需要插入适当的等待周期。

11.1.2　FSMC 编程涉及的标准外设库函数

本项目涉及的 FSMC 编程中用到的标准外设库函数只有一个，即 NOR/PSRAM 的初始化配置函数 FSMC_NORSRAMInit()，其参数比较复杂，我们将在代码分析时再做详细讲解。

11.1.3　彩色 LCD 的驱动

在彩色 LCD 上显示图像，实际上是对 LCD 驱动芯片中的控制寄存器进行配置并将图像的颜色数据写入到每个像素对应的显存中。

相对于单色的 1602 字符型 LCD 和 12864 点阵型 LCD，彩色 LCD 的控制要复杂得多。特别是目前市场上 LCD 驱动芯片的厂商和型号众多，竞争也十分激烈。在这种情况下，要求每个应用工程师去对照驱动芯片的 PDF 技术文档编写驱动代码是一件很费时费力的工作，也不利于该型号芯片的推广。所以，厂商在推出一款新的 LCD 驱动芯片时，往往会组织自己的工程师编写相应的驱动代码。在 C 语言平台上，这些驱动代码最终会被封装成函数的形式提供给应用方。

对于应用工程师而言，一般不必去关心芯片驱动的细节，只需要直接使用这些封装好的驱动函数，并将最底层的接口函数简单移植到自己使用的微控制器上即可，这无疑会大大提高应用工程师的工作效率并加快研发进度。

本项目中，我们也将直接使用 LCD 的驱动函数库，如表 11-1 所示，这里对几个重要的 LCD 驱动函数进行简单介绍。

表 11-1　本项目使用的主要 LCD 驱动函数

函数名称	函数作用
LCD_Init()	LCD 初始化配置函数
LCD_SetWindow()	图像显示区域设置函数
LCD_WriteCmd()	写指令函数
LCD_WriteData()	写数据函数
GUI_Text()	显示 ASCII 码字符串
GUI_Chinese()	显示中文字符串
GUI_Dot()	画点函数
GUI_DrawPicture()	显示图像函数

LCD 初始化配置函数 LCD_Init()主要用于配置 LCD 屏幕显示区域的大小、图像的扫描方式和扫描方向、图像的数据格式等信息。注意，这里选择的参数要和前面介绍的图像数据生成的参数和格式相对应。

在每次向显存当中写入数据前，图像显示区域设置函数 LCD_SetWindow()一般会根据图像高度和宽度设定一个显示区域，设定完毕后向该区域对应的显存写入数据时，显存地址会自动递增或者递减，而不必在每次写入前单独指定显存地址，从而提高了图像数据的写入效率。

写指令函数 LCD_WriteCmd()和写数据函数 LCD_WriteData()是 LCD 驱动程序中最底层的内容，也是少数几个需要根据具体微处理器的异同进行改写移植的函数。

函数 GUI_Text()的作用是在 LCD 的指定位置以指定字体颜色和背景色显示 ASCII 码字符串。

函数 GUI_Chinese()的作用是在 LCD 的指定位置以指定字体颜色和背景色显示中文字符串。

函数 GUI_Dot()的作用是在 LCD 的指定位置画一个指定颜色的点，这个函数是所有 LCD 图形显示函数的基础。

函数 GUI_DrawPicture()的作用是在指定位置显示一幅图片，图片一般以 C 语言数组的形式存在。

11.2　项目实施

11.2.1　硬件电路设计

在本项目目标板上，彩色 LCD 模块使用的是 HX8357 驱动芯片。除了数据线之外，信号线主要有五根，包括用于片选的 CS、用于选择命令或者数据的 RS、用于写使能的 WR、用于读使能的 RD，以及用于复位的 RESET。

STM32 微控制器与 LCD 模块的硬件连接如表 11-2 所示，LCD 模块采取的是 8080 接口时序。

表 11-2　STM32 与 LCD 模块的硬件连接表

STM32 相关引脚	功能	LCD 模块相关引脚
FSMC_D0~FSMC_D15	16 位数据线	DB0~DB15
FSMC_NWE	写使能	WR
FSMC_NOE	读使能	RD
FSMC_A10	命令/数据选择	RS
FSMC_NE4	片选	CS

STM32 微控制器与 LCD 模块的控制信号基本上都有比较明确的对应关系，我们选择 FSMC_NE4 作为 LCD 模块的片选信号 CS。

LCD 模块并没有地址线，只有一个命令/数据选择信号 RS。当 RS 为低电平时，表示传输的是指令；为高电平时，表示传输的是数据。由于在 STM32F103 的 FSMC 中并没有对应的控制线，所以我们将 LCD 模块的 RS 连接到 STM32 的 FSMC_A10 引脚，也就是地址线的第 10 位。

按照表 11-2 的连接，向 LCD 模块写入数据的时候，地址线 A10 输出为 1，不用考虑其他地址线的电平；向 LCD 模块写入命令的时候，则正好相反，地址线 A10 输出为 0。

11.2.2　程序代码分析

首先分析一下本项目的主函数代码。

项目主函数 main()代码

```
1.     int main(void)
2.     {
3.         LCD_Init();                              //LCD 彩屏初始化
4.         LCD_ClearScreen(BLACK);                  //清屏
5.
6.         GUI_Text(0, 150,"Hello!",YELLOW,BLACK);
```

```
7.          GUI_Chinese(0, 180,"嵌入式系统应用",YELLOW,BLACK);
8.          GUI_DrawPicture(0,0,a1);                    //显示图片数组 a1
9.
10.         while(1);
11.     }
```

本项目主函数的工作很简单，在完成对 LCD 模块的初始化配置并清屏后，分别显示中英文字符和图片，然后进入一个空的主循环。

代码第 3 行调用了函数 LCD_Init()完成了对 LCD 模块的初始化操作，然后在代码第 4 行调用函数 LCD_ClearScreen()进行清屏操作，这个函数的参数为清屏的颜色，此处用到的大写英文单词"BLACK"是在显示驱动头文件中有关 16 位颜色值的宏定义。

颜色值的宏定义

```
#define WHITE        0xFFFF
#define BLACK        0x0000
#define BLUE         0x001F
#define RED          0xF800
#define MAGENTA      0xF81F
#define GREEN        0x07E0
#define CYAN         0x7FFF
#define YELLOW       0xFFE0
```

代码第 6 行调用 ASCII 码字符串显示函数 GUI_Text()，显示英文字符串"Hello"，此函数有五个参数，分别为字符串首字符的坐标、字符串内容（指针）、字体颜色和背景颜色。

代码第 7 行调用汉字字符串显示函数 GUI_Chinese()，显示汉字字符串"嵌入式系统应用"，此函数有五个参数，分别为字符串首字符的坐标、字符串内容（指针）、字体颜色和背景颜色。

代码第 8 行调用图片显示函数 GUI_DrawPicture()显示一幅图片，此函数有三个参数，分别为图片左上角的坐标和图片数组。

在 LCD 初始化函数 LCD_Init()中，除了对 LCD 模块进行初始化配置外，还完成了与 LCD 模块连接的 STM32 微控制器相关 GPIO 端口和 FSMC 的初始化。首先来看一下 GPIO 相关端口的配置函数 LCD_GPIO_Config()。

LCD 模块连接的 GPIO 端口初始化配置函数 LCD_GPIO_Config()代码

```
1.    void LCD_GPIO_Config(void)
2.    {
3.        GPIO_InitTypeDef GPIO_InitStructure;
4.
5.        /* 打开时钟使能 */
6.        RCC_APB2PeriphClockCmd(RCC_APB2Periph_GPIOD | RCC_APB2Periph_GPIOE
7.                          | RCC_APB2Periph_GPIOG, ENABLE);
8.
9.        /* FSMC_A10(G12) 和 RS（G0）*/
10.       GPIO_InitStructure.GPIO_Speed = GPIO_Speed_50MHz;
11.       GPIO_InitStructure.GPIO_Pin = GPIO_Pin_0 | GPIO_Pin_12;
12.       GPIO_InitStructure.GPIO_Mode = GPIO_Mode_AF_PP;
```

```
13.          GPIO_Init(GPIOG, &GPIO_InitStructure);
14.
15.          GPIO_InitStructure.GPIO_Pin = (GPIO_Pin_0 | GPIO_Pin_1 | GPIO_Pin_4
16.                                   | GPIO_Pin_5 | GPIO_Pin_8 | GPIO_Pin_8
17.                                   | GPIO_Pin_9 | GPIO_Pin_10 |GPIO_Pin_11
18.                                   | GPIO_Pin_12 | GPIO_Pin_13 | GPIO_
Pin_14
19.                                   | GPIO_Pin_15 );
20.          GPIO_Init(GPIOD, &GPIO_InitStructure);
21.
22.          GPIO_InitStructure.GPIO_Pin = (GPIO_Pin_7 | GPIO_Pin_8 | GPIO_Pin_9
23.                                   | GPIO_Pin_10 | GPIO_Pin_11 | GPIO_
Pin_12
24.                                   | GPIO_Pin_13 | GPIO_Pin_14 | GPIO_
Pin_15);
25.          GPIO_Init(GPIOE, &GPIO_InitStructure);
26.      }
```

　　由于 FSMC 使用的数据线、地址线和接口信号线与 GPIOD、GPIOE、GPIOG 的部分端口复用，所以在初始化配置函数中，首先要对复用的 GPIO 端口进行配置，端口工作模式统一配置为复用的推挽输出模式"GPIO_Mode_AF_PP"，在随后的 FSMC 配置完成后，这些 GPIO 端口将完全由 FSMC 来控制，FSMC 会根据接口信号要求自动配置为输出或输入。

　　FSMC 的初始化配置函数 LCD_FSMC_Config()如下。

FSMC 初始化配置函数 LCD_FSMC_Config()代码

```
1.    void LCD_FSMC_Config(void)
2.    {
3.          FSMC_NORSRAMInitTypeDef          FSMC_NORSRAMInitStructure;
4.          FSMC_NORSRAMTimingInitTypeDef    FSMC_NORSRAMTiming;
5.
6.          /* 打开 FSMC 的时钟 */
7.          RCC_AHBPeriphClockCmd(RCC_AHBPeriph_FSMC, ENABLE);
8.
9.          /* 设置读写时序，供 FSMC_NORSRAMInitStructure 调用 */
10.         /* 地址建立时间，3 个 HCLK 周期 */
11.         FSMC_NORSRAMTiming.FSMC_AddressSetupTime = 0x02;
12.         /* 地址保持时间，1 个 HCLK 周期 */
13.         FSMC_NORSRAMTiming.FSMC_AddressHoldTime = 0x00;
14.         /* 数据建立时间，6 个 HCLK 周期 */
15.         FSMC_NORSRAMTiming.FSMC_DataSetupTime = 0x05;
16.         /* 数据保持时间，1 个 HCLK 周期 */
17.         FSMC_NORSRAMTiming.FSMC_DataLatency = 0x00;
18.         /* 总线恢复时间设置 */
19.         FSMC_NORSRAMTiming.FSMC_BusTurnAroundDuration = 0x00;
20.         /* 时钟分频设置 */
```

```
21.        FSMC_NORSRAMTiming.FSMC_CLKDivision = 0x01;
22.        /* 设置模式，如果在地址/数据不复用时，ABCD 模式都区别不大 */
23.        FSMC_NORSRAMTiming.FSMC_AccessMode = FSMC_AccessMode_B;
24.
25.        /* 设置 FSMC_NORSRAMInitStructure 的数据 */
26.        /* FSMC 有四个存储块（bank），我们使用第一个（bank1） */
27.        /* 同时我们使用的是 bank 里面的第 4 个 RAM 区 */
28.        FSMC_NORSRAMInitStructure.FSMC_Bank = FSMC_Bank1_NORSRAM4;
29.        /* 这里我们使用 SRAM 模式 */
30.        FSMC_NORSRAMInitStructure.FSMC_MemoryType = FSMC_MemoryType_SRAM;
31.        /* 使用的数据宽度为 16 位 */
32.        FSMC_NORSRAMInitStructure.FSMC_MemoryDataWidth = FSMC_MemoryData_
Width_16b;
33.        /* 设置写使能打开 */
34.        FSMC_NORSRAMInitStructure.FSMC_WriteOperation = FSMC_Write_
Operation_Enable;
35.        /* 选择拓展模式使能，即设置读和写用不同的时序 */
36.        FSMC_NORSRAMInitStructure.FSMC_ExtendedMode = FSMC_ExtendedMode_
Enable;
37.        /* 设置地址和数据复用使能不打开 */
38.        FSMC_NORSRAMInitStructure.FSMC_DataAddressMux = FSMC_Data_
AddressMux_Disable;
39.        /* 设置读写时序 */
40.        FSMC_NORSRAMInitStructure.FSMC_ReadWriteTimingStruct = &FSMC_
NORSRAMTiming;
41.        /* 设置写时序 */
42.        FSMC_NORSRAMInitStructure.FSMC_WriteTimingStruct = &FSMC_
NORSRAMTiming;
43.
44.        FSMC_NORSRAMInit(&FSMC_NORSRAMInitStructure);
45.
46.        /*!< Enable FSMC Bank1_SRAM Bank */
47.        FSMC_NORSRAMCmd(FSMC_Bank1_NORSRAM4, ENABLE);
48.    }
```

代码第 3 行和第 4 行定义了两个用于 FSMC 配置的结构体变量，而且第二个结构体 FSMC_NORSRAMTimingInitTypeDef 又是第一个结构体 FSMC_NORSRAMInitTypeDef 中的成员。

第一个结构体 FSMC_NORSRAMInitTypeDef 的成员定义如表 11-3 所示。

表 11-3　结构体 FSMC_NORSRAMInitTypeDef 的成员及其作用与取值

结构体成员的名称	结构体成员的作用	结构体成员的取值	描述
FSMC_Bank	选择要使用的 bank	FSMC_Bank1_NORSRAM1	选取某个外部中断通道
		FSMC_Bank1_NORSRAM2	
		FSMC_Bank1_NORSRAM3	
		FSMC_Bank1_NORSRAM4	

续表

结构体成员的名称	结构体成员的作用	结构体成员的取值	描述
FSMC_MemoryType	选择要使用的内存类型	FSMC_MemoryType_SRAM	选择 SRAM
		FSMC_MemoryType_NOR	选择 NOR FLASH
		FSMC_MemoryType_PSRAM	选择 PSRAM
FSMC_MemoryDataWidth	选择使用的内存数据宽度	FSMC_MemoryDataWidth_8b	选择 8 位
		FSMC_MemoryDataWidth_16b	选择 16 位
FSMC_WriteOperation	设置是否打开写使能	FSMC_WriteOperation_Enable	使能
		FSMC_WriteOperation_Disable	禁用
FSMC_ExtendedMode	是否使用拓展模块	FSMC_ExtendedMode_Enable	使能
		FSMC_ExtendedMode_Disable	禁用
FSMC_DataAddressMux	是否复用地址和数据线	FSMC_DataAddressMux_Enable	使能
		FSMC_DataAddressMux_Disable	禁用
FSMC_ReadWriteTimingStruct	设置读写时序		
FSMC_WriteTimingStruct	设置写时序		

以上结构体的最后两个成员也是一个结构体类型 FSMC_NORSRAMTimingInitTypeDef，它的成员定义如表 11-4 所示。

表 11-4　结构体 FSMC_NORSRAMTimingInitTypeDef 的成员及其作用与取值

结构体成员的名称	结构体成员的作用	结构体成员的取值	描述
FSMC_AddressSetupTime	设置地址建立时间	数字	与时序相关
FSMC_AddressHoldTime	设置地址保持时间	数字	与时序相关
FSMC_DataSetupTime	设置数据建立时间	数字	与时序相关
FSMC_DataLatency	设置数据保持时间	数字	与时序相关
FSMC_BusTurnAroundDuration	设置总线恢复时间	数字	与时序相关
FSMC_CLKDivision	设置 FSMC 的时钟分频	数字	与时序相关
FSMC_AccessMode	设置读写时序分开的模式	ABCD 四种模式	

结构体变量成员的具体值在代码中做了比较详尽的注释，这里就不再赘述了。

如前所述，本项目明确 FSMC 使用 NOR/PSRAM 段连接彩色 LCD 模块，片选信号选择了 NE4，意味着寻址范围为 0x6C000000~0x6FFFFFFF。此外，我们使用地址线 A10 作为 LCD 指令/数据选择信号 RS，高电平为数据，低电平为指令。

由于 FSMC 选择 16 位接口，第四段的选址范围减少为 32MB，最后一根地址线 A0 失去寻址意义，A1 变成了地址线的最低位，相当于实际的地址线全部右移一位，对应到程序中，相当于地址左移一位，也就是程序中控制地址 A11 实际控制的是 A10。

综上所述，如果默认没有使用的其他地址线输出均为 0，则对 LCD 发送指令和数据的地址分别为：

```
#define LCD_CMD        (u16*) 0x6C000000
#define LCD_DATA       (u16*) 0x6C000800
```

对应写指令和写数据的函数分别如下：

LCD 模块写指令函数 LCD_WriteCmd()和写数据函数 LCD_WriteData()代码

```
1.    void LCD_WriteCmd(uint16_t cmd)
2.    {
3.        *LCD_CMD = cmd ;
4.    }
5.
6.    void LCD_WriteData(u16 dat)
7.    {
8.        *LCD_DATA = dat;
9.    }
```

这两个函数涉及最底层的操作，是 LCD 驱动函数库中为数不多需要根据实际连接的微处理器进行改写移植的函数。

将项目代码编译并下载运行，将在彩色 LCD 显示屏上看到图像和中英文字符。

11.3 拓展项目——按键控制字符串移动

11.3.1 项目内容

要求在对彩色 LCD 显示编程的基础上，实现如下功能：

（1）在彩色 LCD 的中间位置显示特定字符串；

（2）按下按键 K1 后，字符串整体向左移动 8 个像素；

（3）按下按键 K2 后，字符串整体向右移动 8 个像素。

11.3.2 项目提示

拓展项目要求将本章基础项目中的彩色 LCD 显示与实训项目 3 中的按键处理相结合。

项目中常遇到的一个问题是在字符串整体移动后原始位置字符串的消隐处理。一种可能的方法是调用 LCD 清屏函数，但是会对 LCD 上的其他显示内容造成干扰，也会带来视觉上的闪烁感。比较合适的处理方法是在字符串的原始位置显示一个字符颜色与背景颜色一致的字符串，就可以达到将原始位置字符串消隐的效果。

Chapter

12

第 12 章
实训项目 5——按键控制 LED 闪烁频率
（定时器中断）

 学习目标

本项目使用 STM32 控制板上的三个按键 K1、K2、K3 分别控制对应的三个发光二极管 LED1、LED2、LED3 的闪烁频率，其中，按键感知采用外部中断方式实现，LED 闪烁采用定时器中断方式实现。项目要达成的学习目标包括以下几点：

1. 了解 STM32 通用定时器的基本结构
2. 了解 STM32 通用定时器中断的编程方法

12.1 相关知识

12.1.1　STM32F103 微控制器的定时器资源

STM32F103 微控制器的定时器资源比较丰富，分为系统定时器（SysTick）、"看门狗"定时器（WatchDog）、基本定时器、通用定时器、高级定时器和实时时钟（RTC）等。

（1）系统定时器（SysTick）

系统定时器是一个集成在 Cortex-M3 内核当中的定时器，并不属于芯片厂商的外设，这也意味着使用 Arm 内核的不同厂商，可以拥有基本结构相同的定时器。

相对于芯片厂商外设中的定时器，SysTick 结构简单，功能比较单一，很多设计人员喜欢使用 SysTick 实现简单的延时功能，但是并不推荐大家在日常编程中使用 SysTick。

Cortex-M3 内核附带 SysTick 的主要目的是给实时操作系统（RTOS）提供时间基准（时钟节拍），这将大大减轻在使用相同内核的不同厂商芯片间进行 RTOS 系统移植的难度，而在基于 RTOS 的程序设计中，提供操作系统时钟节拍的 SysTick 是不允许被用户直接使用的。

（2）"看门狗"定时器（WatchDog）

"看门狗"定时器连接到 STM32 微控制器芯片的复位电路，在定时器溢出时会触发复位操作。

开启 WatchDog 后，应该在程序代码的关键位置对 WatchDog 进行写操作以防止其溢出。当 STM32 微控制器由于某种原因受到干扰导致代码错误运行时，一旦对 WatchDog 的写操作不能执行，将导致定时器溢出并使 STM32 微控制器复位。

相对于程序失控，芯片复位无疑是一种确定的和可接受的状态。可以说，WatchDog 是保证 STM32 微控制器稳定运行的最后一道防线，不过在研发阶段的程序设计中，一般不会开启"看门狗"定时器。

（3）实时时钟（RTC）

实时时钟是一个带独立电源供电引脚和独立时钟源的定时器，可以实现在芯片主电源断电情况下的连续供电，以确保定时器计数的连续性。

（4）基本定时器、通用定时器与高级定时器

STM32 的基本定时器包括 TIM6 和 TIM7，可以实现基本的定时/计数功能。

STM32 的通用定时器包括 TIM2、TIM3、TIM4 和 TIM5，在基本定时器功能的基础上，可以实现比较输出、输入捕获、PWM 输出等功能。

STM32 的高级定时器包括 TIM1 和 TIM8，在通用定时器功能的基础上，可以实现 PWM 输出的死区控制，这一功能在全控桥逆变电路的控制中是十分关键的。

以上三种定时器以通用定时器最具代表性，使用也最广泛，下面我们就介绍一下 STM32F103 微控制器的通用定时器。

12.1.2 STM32F103 微控制器的通用定时器

STM32F103 微控制器的通用定时器包括 TIM2、TIM3、TIM4 和 TIM5，每个定时器的主要结构如图 12-1 所示，虽然看起来信号触发部分的结构比较复杂，但是定时器的主体结构是右下角的预分频器、主计数器和自动重装载寄存器。

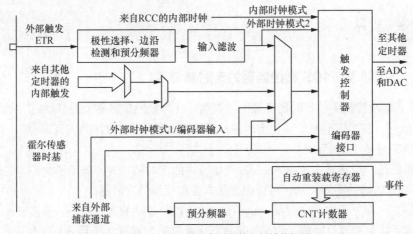

图12-1　STM32通用定时器的内部结构框图

STM32 通用定时器可以对内部时钟或触发源以及外部时钟或触发源进行计数，通常情况下设定为对内部总线时钟信号进行计数，最终送入定时器进行计数的时钟信号频率一般为72MHz。

首先，时钟信号送入 16 位可编程预分频器，预分频系数为 1~65535 之间的任意数值。预分频器的本质是一个加法计数器，预分频系数实际上就是加计数的溢出值。预分频器溢出后，会向 16 位的主计数器发出一个脉冲。

主计数器具有以下三种计数模式。

（1）向上计数模式：主计数器从 0 开始加计数到自动重装载值，然后重新从 0 开始计数并产生一个计数器上溢出事件。

（2）向下计数模式：主计数器从自动重装载值开始减计数到 0，然后重新从自动重装载值开始计数并产生一个计数器下溢出事件。

（3）中央对齐模式：从 0 开始加计数到"自动重装载值-1"，产生一个计数器上溢出事件，然后减计数到 1 并且产生一个计数器下溢事件，随后再从 0 开始重新计数。

以上溢出事件可以选择触发其他外设产生特定动作或者触发相应的定时器中断。

本项目只涉及通用定时器以上基础功能的应用，除此之外，通用定时器还可以实现输入捕获、比较输出、PWM 输出、单脉冲模式输出等功能，并可产生相应的中断，相关应用将在后续项目中进一步具体介绍。

12.1.3　通用定时器编程涉及的 STM32 标准外设库函数

表 12-1 中是本项目涉及的通用定时器编程用到的 STM32 标准外设库函数，现在只简单了解函数的作用，在代码分析时再做详细讲解。

表 12-1　本项目操作通用定时器涉及的 STM32 标准外设库函数

函数名称	函数作用
TIM_DeInit()	定时器默认初始化
TIM_TimeBaseInit()	定时器时基参数初始化
TIM_ClearFlag()	清除定时器标志
TIM_ITConfig()	使能或者禁用指定的 TIM 中断
TIM_Cmd()	使能或者禁用 TIMx 外设
TIM_GetITStatus()	检查指定的 TIM 中断发生与否

12.2　项目实施

12.2.1　硬件电路实现

本项目涉及的按键与 LED 连接与实训项目 2 完全一致，这里不再重复介绍。

12.2.2　程序设计思路

本项目主要的软件流程如图 12-2 所示，首先在初始化所有外设函数中完成系统时钟初始化、按键和 LED 占用的 GPIO 端口初始化、外中断的初始化、定时器中断的初始化工作，主函数中的 while(1)循环是空循环，按键感知和 LED 闪烁的控制全部在外部中断服务函数和定时器中断服务函数中完成。

在三个按键对应的三个外部中断服务函数中分别设置软件定时器的阈值，在定时器中断服务函数中将软件定时器加 1，并与阈值相比较以改变 LED 的状态，从而实现对 LED 闪烁频率变化的控制。

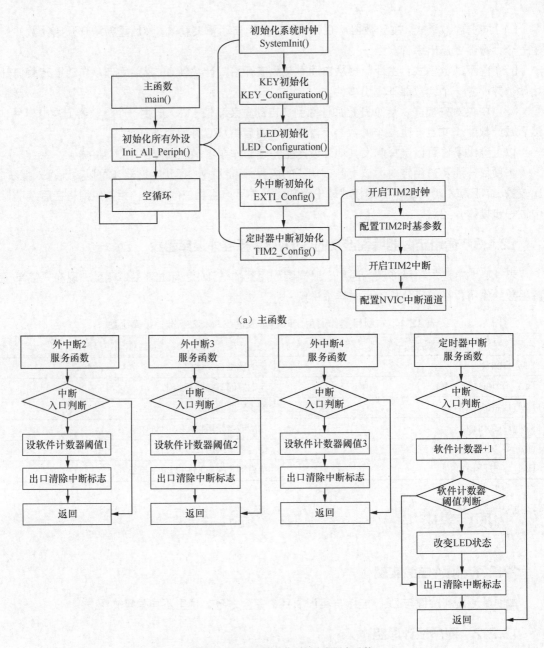

（a）主函数

（b）外部中断服务函数和定时器中断服务函数

图12-2 按键控制LED闪烁频率（定时器中断）的软件流程

12.2.3 程序代码分析

首先分析本项目的主函数代码。

项目主函数 main()代码

```
1.    int main(void)
2.    {
```

```
3.        Init_All_Periph();                    //初始化外设
4.        while(1);
5.    }
```

main()函数中的内容非常简单，完成初始化外设后就是一个空的 while(1)循环。这意味着在完成初始化配置后，本项目所有的操作都将在相应外设的中断服务函数中完成。

下面来分析初始化所有外设函数 Init_All_Periph()，它的定义如下。

初始化所有外设函数代码

```
1.    void Init_All_Periph(void)
2.    {
3.        SystemInit();                         //系统时钟初始化配置
4.        LED_Configuration();                  //LED 对应 GPIO 配置
5.        KEY_Configuration();                  //按键对应 GPIO 配置
6.        EXTI_Config();                        //外部中断配置
7.        TIM2_Init();                          //定时器 2 初始化配置
8.    }
```

可以看到，在初始化外设函数中，第 3~6 行代码都是前面项目中出现过的内容，分别完成系统时钟的初始化、LED 及按键对应 GPIO 端口的初始化以及外部中断的初始化配置。

第 7 行的 TIM2_Init()函数是进行定时器 2 的初始化配置，此函数的定义如下。

定时器 2 初始化函数代码

```
1.    void TIM2_Init(void)
2.    {
3.        TIM_TimeBaseInitTypeDef   TIM_TimeBaseStructure;
4.        NVIC_InitTypeDef    NVIC_InitStructure;
5.
6.        RCC_APB1PeriphClockCmd(RCC_APB1Periph_TIM2, ENABLE );
7.
8.        TIM_DeInit(TIM2);                              //复位 TIM2 定时器
9.        TIM_TimeBaseStructure.TIM_Period = 999;        //周期 999+1
10.       TIM_TimeBaseStructure.TIM_Prescaler = 7199;    //分频值 7199+1
11.       TIM_TimeBaseStructure.TIM_ClockDivision = 0x0; //采样分割
12.       TIM_TimeBaseStructure.TIM_CounterMode = TIM_CounterMode_Up;
                                                         //计数模式：向上计数
13.       TIM_TimeBaseInit(TIM2, & TIM_TimeBaseStructure);
14.
15.       TIM_ClearFlag(TIM2, TIM_FLAG_Update);          //清除 TIM2 溢出中断标志
16.       TIM_ITConfig(TIM2, TIM_IT_Update, ENABLE);     //TIM2 溢出中断允许
17.       TIM_Cmd(TIM2, ENABLE);                         //TIM2 使能
18.
19.       //设置中断嵌套控制器
20.       NVIC_InitStructure.NVIC_IRQChannel = TIM2_IRQn;  //设置 TIM2 中断
21.       NVIC_InitStructure.NVIC_IRQChannelPreemptionPriority = 0x00;
                                                           //主优先级
```

```
22.         NVIC_InitStructure.NVIC_IRQChannelSubPriority = 0x00;   //从优先级
23.         NVIC_InitStructure.NVIC_IRQChannelCmd = ENABLE;   //中断通道使能
24.         NVIC_Init(&NVIC_InitStructure);
25.    }
```

代码第3行定义了一个类型为TIM_TimeBaseInitTypeDef的结构体变量TIM_TimeBaseStructure，用于定时器时间基准参数的设置，此结构体变量的成员定义如表 12-2 所示。

表 12-2 结构体 TIM_TimeBaseInitTypeDef 的成员及其作用与取值

结构体成员的名称	结构体成员的作用	结构体成员的取值	描述
TIM_Period	自动重装载寄存器的值	0x0000~0xFFFF	主计数器的溢出值
TIM_Prescaler	预分频值	0x0000~0xFFFF	预分频器的溢出值
TIM_ClockDivision	时钟分割	TIM_CKD_DIV1	用于对外部信号计数时的采样，对内部计数时无意义
		TIM_CKD_DIV2	
		TIM_CKD_DIV4	
TIM_CounterMode	计数器模式	TIM_CounterMode_Up	向上计数模式
		TIM_CounterMode_Down	向下计数模式
		TIM_CounterMode_CenterAligned1	中央对齐计数模式 1
		TIM_CounterMode_CenterAligned2	中央对齐计数模式 2
		TIM_CounterMode_CenterAligned3	中央对齐计数模式 3

代码第 4 行定义了一个类型为 NVIC_InitTypeDef 的结构体变量 NVIC_InitStructure，用于中断嵌套控制器的设置，此结构体变量的成员定义如表 12-3 所示。

表 12-3 结构体 NVIC_InitTypeDef 的成员及其作用与取值

结构体成员的名称	结构体成员的作用	结构体成员的取值	描述
NVIC_IRQChannel	配置指定的中断通道	共 43 个独立或公用的中断通道	具体请查相关资料
NVIC_IRQChannelPreemptionPriority	设置抢占优先级	0~15	
NVIC_IRQChannelSubPriority	设置响应优先级	0~15	
NVIC_IRQChannelCmd	中断通道使能	ENABLE	使能
		DISABLE	禁用

代码第 6 行调用标准外设库函数 RCC_APB1PeriphClockCmd()，使能通用定时器 TIM2 的时钟。

代码第 8 行调用标准外设库函数 TIM_DeInit()，将通用定时器 TIM2 中的寄存器重设为默认值。

代码第 9 行~第 12 行是对结构体变量 TIM_TimeBaseStructure 的成员赋值，其中，代码第 9 行是将自动重装载寄存器赋值为 999，由于主计数器是从 0 开始计数，所以定时器的溢出周期为 "设定值+1"，也就是 "999+1=1000"。

代码第 10 行是将定时器的预分频值设为 7199，同样由于预分频器是从 0 开始计数，这里的实际预分频值为 "设定值+1"，也就是 "7199+1=7200"。

根据以上设定值，当 TIM2 对 72MHz 的时钟信号进行计数时，主计数器的溢出周期为：

$$7200 \times 1000/72000000=0.1 \text{ 秒}=100 \text{ 毫秒}$$

代码第 11 行是设置定时器的采样分割，也就是采样频率，不过此参数只对外部计数有效，对内部时钟信号计数时没有意义。

代码第 12 行是将定时器设置为向上计数模式。

代码第 13 行调用标准外设库函数 TIM_TimeBaseInit()，使前面设置的参数生效。

代码第 15～16 行是设置定时器中断，第 15 行调用标准外设库函数 TIM_ClearFlag()，清除 TIM2 的溢出中断标志，以防中断开启后的误触发。

第 16 行调用标准外设库函数 TIM_ITConfig()，使能定时器 2 的溢出中断。

由于 TIM2 的结构比较复杂，在完成 TIM2 的关键参数的配置后，TIM2 并不会自动开始工作，必须运行代码第 17 行的 TIM_Cmd() 函数，以启动 TIM2。

代码第 20～23 行是对 NVIC 配置需要使用的结构体变量 NVIC_InitStructure 的成员赋值，包括设定并使能 TIM2 中断通道，确定 TIM2 中断的抢占优先级和响应优先级等。

代码第 24 行调用标准外设库函数 NVIC_Init()，完成对 TIM2 中断通道在 NVIC 层面的配置工作。

外部中断的初始化配置与实训项目 3 一致，这里不再重复介绍。

回到 main() 函数，在完成相关的初始化配置后，进入主循环，可以看到这是一个空循环。按键感知和 LED 的控制完全在中断服务函数当中完成。

下面我们来分析定时器 TIM2 的中断服务函数。

定时器 TIM2 中断服务函数代码

```
1.     void TIM2_IRQHandler(void)
2.     {
3.         static u16 timer_soft=0;
4.
5.         if(TIM_GetITStatus(TIM2, TIM_FLAG_Update) != RESET)
6.         {
7.             timer_soft++;
8.             if(timer_soft>=flash_time)
9.             {
10.                timer_soft=0;
11.                if(LED1_STATUS== 0)
12.                {
13.                    LED1_ON;
14.                    LED2_ON;
15.                    LED3_ON;
16.                }
17.                else
18.                {
19.                    LED1_OFF;
20.                    LED2_OFF;
21.                    LED3_OFF;
```

```
22.                    }
23.                }
24.                TIM_ClearFlag(TIM2,TIM_FLAG_Update);              //清除中断标志
25.        }
26.    }
```

对于项目要求的 LED 闪烁时间控制，使用定时器进行频率控制最直接的方法就是通过改变定时器的溢出周期，在定时器中断服务函数中改变 LED 的亮灭状态来实现。但是由于这种方法需要改变定时器的时间基值，会使该定时器不能再有其他用途。而在实际的工程应用中，定时器是十分紧张的外设资源，往往会有多个程序模块共用一个定时器中断，改变时间基值难免会造成不同程序模块之间的冲突。

为了避免这种冲突，我们采用了硬件定时器 TIM2 和软件定时器 timer_soft 相结合的方法。TIM2 每溢出一次，在 TIM2 中断服务函数中 timer_soft 就加 1，然后判断是否大于时间设定值 flash_time，如果大于就进行 LED 亮灭的操作。

这里需要注意，在代码第 3 行中定义软件定时器 timer_soft 时，使用的 static 关键字：

```
static u16 timer_soft=0;
```

该语句的作用是在中断服务函数中定义了一个静态局部变量 timer_soft。首先必须明确，在 C 语言编程中，为了保证函数的可移植性，应该尽量使用局部变量而避免使用全局变量。但是对于某个函数的局部变量而言，在函数每次调用时都会被赋初值，显然这对于连续计数的 timer_soft 是不能接受的，所以，要在定义局部变量时加上关键字 static 进行修饰，这种局部变量称为静态局部变量。

静态局部变量在函数结束调用返回后，其在内存中的地址和内容仍然被保留，在函数再次被调用时，静态局部变量的值将和上次函数结束调用返回时的值保持一致，非常适合软件定时器 timer_soft 保持连续计数的使用要求。

由于定时器 TIM2 中断服务函数是由 TIM2 的多个中断源共用的，代码第 5 行通过标准外设库函数 TIM_GetITStatus() 的返回值来判断中断源是否为定时器向上溢出中断。

代码第 7 行将软件定时器 timer_soft 加 1，随后在第 8 行判断软件定时器是否超过设定值 flash_time，根据判断结果决定是否改变 LED 的亮灭状态。很明显，如果 flash_time 的值发生改变，则 LED 的闪烁频率也会改变。

在退出 TIM2 中断服务函数之前，代码第 24 行调用标准外设库函数 TIM_ClearFlag() 清除 TIM2 的上溢出标志。

在 K1、K2、K3 三个按键对应的外部中断服务函数中，通过对 flash_time 设定不同的值，就可以起到控制 LED 闪烁频率的目的。

外部中断服务函数代码

```
1.    void EXTI2_IRQHandler(void)
2.    {
3.        if(EXTI_GetITStatus(EXTI_Line2) != RESET)
4.        {
5.            flash_time=5;
6.            EXTI_ClearITPendingBit(EXTI_Line2);
7.        }
```

```
8.     }
9.
10.    void EXTI3_IRQHandler(void)
11.    {
12.         if(EXTI_GetITStatus(EXTI_Line3) != RESET)
13.         {
14.              flash_time=10;
15.              EXTI_ClearITPendingBit(EXTI_Line3);
16.         }
17.    }
18.
19.    void EXTI4_IRQHandler(void)
20.    {
21.         if(EXTI_GetITStatus(EXTI_Line4) != RESET)
22.         {
23.              flash_time=20;
24.              EXTI_ClearITPendingBit(EXTI_Line4);
25.         }
26.    }
```

这里，三个按键分别对应三个外部中断服务函数，虽然这三个函数是专用的，为了统一起见，仍然在函数入口处进行了中断来源判断并在函数结束时清除了相应中断标志。

将以上代码编译下载运行后，操作三个按键，我们将看到 LED 以三种不同的频率闪烁。

12.3 拓展项目——LED1 呼吸灯（定时器中断）

12.3.1 项目内容

要求在通用定时器中断学习的基础上，实现如下功能：

（1）LED1 的亮度由最暗逐渐变为最亮；

（2）LED1 亮度达到最大后逐渐变成最暗；

（3）LED1 的亮度如此循环变化，构成所谓呼吸灯的显示效果。

12.3.2 项目提示

拓展项目要求的呼吸灯效果，就是利用通用定时器的中断实现对 LED1 的 PWM 控制。为了方便编程，可以将施加在 LED1 上的周期性高低电平宽度放入数组中，在定时器中断服务函数中改变电平宽度即可。

通过拓展项目的实施，可以体会到单纯使用定时器中断产生 PWM 信号的复杂程度，从而引出实训项目 6 定时器 PWM 控制的内容。

第 13 章
实训项目 6——风扇转速的 PWM 控制

 学习目标

本项目是利用 STM32 通用定时器的 PWM 输出，控制目标板上 LED 的亮度以及四线制散热风扇的转速，同时使用三个按键 K1、K2、K3 分别选择三个 PWM 输出占空比并显示在彩色 LCD 屏幕上。项目要达成的学习目标包括以下几点：

1. 了解 LED 亮度控制与风扇调速 PWM 控制的方法
2. 了解 STM32 通用定时器 PWM 输出的编程方法
3. 了解 STM32 引脚重映射的基本概念

13.1 相关知识

13.1.1 脉冲宽度调制的基本原理

脉冲宽度调制（Pulse Width Modulation，PWM）是广泛用于灯光亮度、电机调速的一种数字控制方法，其基本原理如图 13-1 所示。

图 13-1 中上下两个脉冲电压信号的频率（周期 T）相同，但是脉冲宽度 ΔT 不一样，脉冲宽度与周期的比值称为占空比，脉冲宽度越大，则占空比越大。

如果在 LED 上施加这样的两个电压信号，可以很直观地看出，占空比越大的信号对应的 LED 亮度也越高。类似的，如果在直流电机两端也施加这样的电压信号，同样占空比越大的信号对应的直流电机转速也越高。

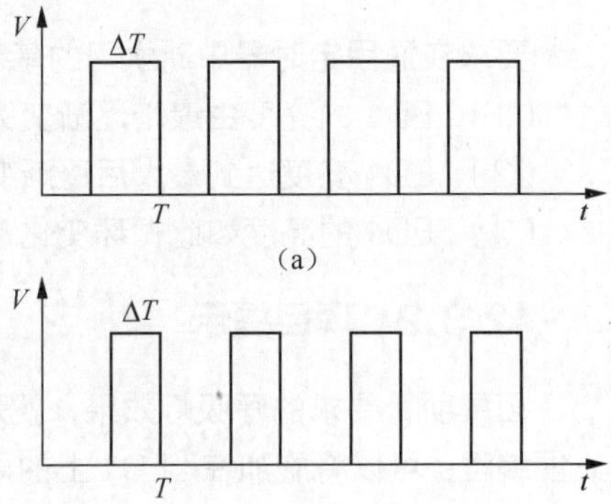

这种频率不变、依靠改变占空比来改变控制对象状态的方法就是脉冲宽度调制。严格来说，PWM 是一种采用数字方法控制模拟对象的最简便也最直接的方法，使用 STM32 的通用定时器和高级定时器可以很方便地输出 PWM 信号。

图13-1 PWM的基本原理

13.1.2 四线制直流风扇的控制方法

本项目的控制对象之一是一台 12V 直流电压驱动的四线制散热风扇，通过对风扇进行

PWM 转速控制来改变风力大小，从而调节帆板的角度。

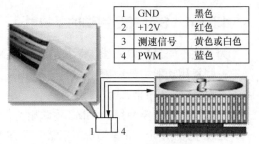

1	GND	黑色
2	+12V	红色
3	测速信号	黄色或白色
4	PWM	蓝色

图 13-2 所示为常见四线制散热风扇的接线。

图中的四根线分别是电源地 GND、电源 +12V、测速信号和 PWM 转速控制信号，具体产品不同，顺序可能不一样。

连接好风扇的电源线和地线后，PWM 转速控制信号线可以连接至 STM32 微控制器的 PWM 输

图13-2 四线制散热风扇的接线

出端以控制风扇的转速。在 PWM 信号线上施加低电平对应风扇的最低转速，在 PWM 信号线上施加高电平对应风扇的最高转速。由于风扇 PWM 信号线内部接有上拉电阻，如果外部连接断开，此信号线将为高电平，从而对应最高转速。一般情况下，PWM 转速控制信号占空比为 0~20% 时，转速是相同的。

测速信号线根据风扇转速不同输出不同频率的脉冲，可以接至 STM32 微控制器的输入信号端以便检测风扇的转速。

13.1.3 STM32 通用定时器的 PWM

利用 STM32 通用定时器的比较输出功能，可以很方便地输出 PWM 信号。下面以本项目中用到的中央对齐模式加以说明。

如图 13-3（a）所示，首先将定时器设置为增加/减少计数模式，则主计数器由 0 开始加计数到自动重装载值 N_p，然后减计数到 0，如此循环往复。图中的三角形表示计数值的变化曲线，三角形曲线的周期为 T。

此时，如果开启 PWM 输出模式，并将比较输出值设为 N_c，则在定时器的 PWM 输出端会产生电平变化，当比较值 N_c 大于计数值 n 时，输出高电平；当比较值 N_c 小于计数值 n 时，输出低电平，如此循环往复可以产生一个周期为 T 的方波。

如图 13-3（b）所示，增加比较输出值 N_c，按照以上规则会产生一个周期同样为 T 的方波，只是此时脉冲宽度 ΔT 增加，也就是占空比增加。

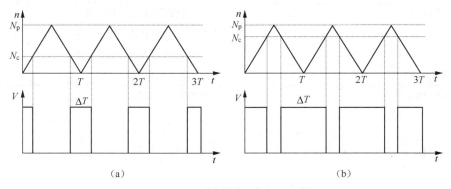

(a)   (b)

图13-3 中央对齐模式下产生PWM信号

从以上分析可知，在自动重装载值 N_p 不变时，改变比较输出值 N_c，可以产生一个 PWM 信号。这个信号的极性可以根据输出引脚和软件设置的不同而改变。

13.1.4　STM32 引脚的重映射

为了使不同封装微处理器芯片的外设 I/O 功能数量达到最优，可以通过软件配置相应的寄存器把一些复用功能重新映射到其他一些引脚上（通过标准外设库函数进行操作）。此时复用功能就不再映射到它们的默认引脚上了。

下面以本项目要使用的 TIM3 重映射为例进行说明。

如表 13-1 所示，正常情况下不需设置 TIM3 重映射时，TIM3 的四个比较输出通道 TIM3_CH1 ~ TIM3_CH4 分别与 PA6、PA7、PB0、PB1 复用。

表 13-1　TIM3 的重映射

复用功能	没有重映射	部分重映射	完全重映射
TIM3_CH1	PA6	PB4	PC6
TIM3_CH2	PA7	PB5	PC7
TIM3_CH3	PB0		PC8
TIM3_CH4	PB1		PC9

如果设置为 TIM3 引脚部分重映射，则通道 TIM3_CH1、TIM3_CH2 分别与 PB4、PB5 复用，而通道 TIM3_CH3、TIM3_CH4 的复用关系不变。

如果设置为 TIM3 引脚完全重映射，四个比较输出通道 TIM3_CH1 ~ TIM3_CH4 分别与 PC6 ~ PC9 复用。在本项目中，我们选择 TIM3 引脚完全重映射。

13.1.5　通用定时器 PWM 输出编程涉及的标准外设库函数

表 13-2 中是本项目涉及的通用定时器 PWM 输出编程用到的标准外设库函数，现在只需要简单了解函数的作用，在代码分析时再做详细讲解。

表 13-2　本项目操作通用定时器 PWM 输出所涉及的标准外设库函数

函数名称	函数作用
TIM_OC1Init()	初始化比较输出通道 1 的参数
TIM_OC2Init()	初始化比较输出通道 2 的参数
TIM_OC1PreloadConfig()	使能或禁止比较输出通道 1 的预装载功能
TIM_OC2PreloadConfig()	使能或禁止比较输出通道 2 的预装载功能
TIM_SetCompare1()	设置通道 1 的比较值
TIM_SetCompare2()	设置通道 2 的比较值

13.2　项目实施

13.2.1　硬件电路设计

本项目的硬件连接非常简单，如表 13-3 所示，除了前面介绍过的按键和 LCD 外，LED7 的亮度控制连接 PC6，风扇转速控制连接 PC7，分别对应经过 TIM3 重映射后的 TIM3_CH1 和 TIM3_CH2。

表 13-3 风扇及 LED 与 STM32 资源对应关系

序号	风扇及 LED 端		STM32 微控制器端	
	引脚名称	引脚功能	引脚名称	复用功能
1	GND	电源地		
2	+12V	+12V 电源		
3	测速	风扇转速测量	未接	
4	PWM	PWM 转速控制信号	PC7	TIM3_CH2
5	LED		PC6	TIM3_CH1

13.2.2 程序设计思路

本项目主要的软件流程如图 13-4 所示,首先完成 LCD 初始化和外设初始化,外设初始化的重点是对通用定时器 TIM3 的 PWM 进行初始化配置,然后在主函数的无限循环中完成按键扫描,根据不同的键值设置不同的 PWM 占空比。

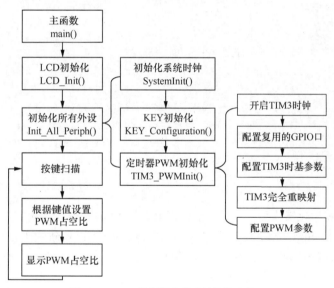

图13-4 PWM控制风扇转速的软件流程图

13.2.3 程序代码分析

首先分析一下本项目的主函数代码。

主函数 main()代码

```
1.    int main(void)
2.    {
3.        char buf[25];
4.        u16 width[3]={5000,15000,33000};
```

```
5.          u16 i=0,pwm=width[0];
6.
7.          LCD_Init();                         //LCD 彩屏初始化
8.          LCD_ClearScreen(WHITE);             //清屏
9.
10.         Init_All_Periph();
11.
12.         GUI_Chinese(10,20,"当前脉冲宽度",BLUE,WHITE);
13.         GUI_Chinese(10,40,"当前占空比",BLUE,WHITE);
14.
15.         while(1)
16.         {
17.             i=KEY_Scan();
18.             if(i!=0)
19.             {
20.                 pwm=width[i-1];
21.                 TIM_SetCompare1(TIM3, pwm);
22.                 TIM_SetCompare2(TIM3, pwm);
23.             }
24.
25.             sprintf(buf,"%-5d", pwm);
26.             GUI_Text(125,20,(u8 *)buf,RED,WHITE);
27.
28.             sprintf(buf,"%-5.2f%%", (float)pwm/360);
29.             GUI_Text(125,40,(u8 *)buf,RED,WHITE);
30.
31.             Delay_ms(150);
32.         }
33.     }
```

主函数在完成初始化操作后，根据按键返回值选择不同的 PWM 参数，在第 21~22 行调用标准外设库函数 TIM_SetCompare1()和 TIM_SetCompare2()设置新的比较输出值，改变 TIM3 两个 PWM 输出通道 CH1 和 CH2 输出 PWM 波形的占空比，从而起到控制 LED 亮度和风扇转速的作用。

在随后的 PWM 占空比的数值显示中，调用了 C 语言标准输入输出库中的 sprintf()函数，将占空比数值按照要求的格式转换为字符串，然后将 PWM 占空比对应的字符串显示在 LCD 屏幕上。

在初始化所有外设函数 Init_All_Periph()中，我们重点分析一下 TIM3 的 PWM 初始化函数 TIM3_PWMInit(void)。

TIM3 的 PWM 初始化函数代码

```
1.      void TIM3_PWMInit(void)
2.      {
3.          GPIO_InitTypeDef GPIO_InitStructure;
```

```
4.          TIM_TimeBaseInitTypeDef   TIM_TimeBaseStructure;
5.          TIM_OCInitTypeDef  TIM_OCInitStructure;
6.
7.          RCC_APB1PeriphClockCmd(RCC_APB1Periph_TIM3, ENABLE);
8.          RCC_APB2PeriphClockCmd(RCC_APB2Periph_AFIO
9.                              |RCC_APB2Periph_GPIOC, ENABLE);
10.
11.         GPIO_InitStructure.GPIO_Pin = GPIO_Pin_6;   //PC6 复用为 TIM3_CH1
12.         GPIO_InitStructure.GPIO_Mode = GPIO_Mode_AF_PP; //复用推挽输出模式
13.         GPIO_InitStructure.GPIO_Speed = GPIO_Speed_50MHz;
14.         GPIO_Init(GPIOC, &GPIO_InitStructure);
15.
16.         GPIO_InitStructure.GPIO_Pin = GPIO_Pin_7;   //PC7 复用为 TIM3_CH2
17.         GPIO_InitStructure.GPIO_Mode = GPIO_Mode_AF_OD; //复用开漏输出模式
18.         GPIO_InitStructure.GPIO_Speed = GPIO_Speed_50MHz;
19.         GPIO_Init(GPIOC, &GPIO_InitStructure);
20.
21.         TIM_TimeBaseStructure.TIM_Prescaler =1 ;
                            //预分频值 1+1=2，输入计数器 36MHz
22.     //中央对齐模式
23.         TIM_TimeBaseStructure.TIM_CounterMode = TIM_CounterMode_Center
Aligned1;
24.         TIM_TimeBaseStructure.TIM_Period =35999;   //周期 35999+1=36000，
PWM 频率 500Hz
25.         TIM_TimeBaseStructure.TIM_ClockDivision = 0x0; //时钟分频因子
26.         TIM_TimeBaseInit(TIM3,&TIM_TimeBaseStructure);
27.
28.         GPIO_PinRemapConfig(GPIO_FullRemap_TIM3,ENABLE); //TIM3 完全重映射
29.
30.     //PWM 模式 1：中央对齐模式 在向上计数时中断标志置位
31.         TIM_OCInitStructure.TIM_OCMode = TIM_OCMode_PWM1;
32.         TIM_OCInitStructure.TIM_OCPolarity = TIM_OCPolarity_High;
                            //正向输出极性  高电平有效
33.         TIM_OCInitStructure.TIM_OutputState = TIM_OutputState_Enable;
                            //正向输出允许
34.         TIM_OCInitStructure.TIM_Pulse = 999;
                            //确定占空比，这个值决定了有效电平的时间
35.
36.         TIM_OC1Init(TIM3, &TIM_OCInitStructure);   //输出通道 1 配置函数
37.         TIM_OC1PreloadConfig(TIM3, TIM_OCPreload_Enable);
                            //使能预装载寄存器
38.
39.         TIM_OC2Init(TIM3, &TIM_OCInitStructure); //输出通道 2 配置函数
40.         TIM_OC2PreloadConfig(TIM3, TIM_OCPreload_Enable); //使能预装载寄存器
```

```
41.
42.        TIM_Cmd(TIM3,ENABLE);                        //启动 TIM3
43.    }
```

代码第 3 行和第 4 行分别定义了前面项目中介绍过的用于 GPIO 和定时器时基参数初始化的结构体变量 GPIO_InitStructure 和 TIM_TimeBaseStructure。

代码第 5 行定义了一个类型为 TIM_OCInitTypeDef 的结构体变量 TIM_OCInitStructure，此结构体的成员及其作用与取值如表 13-4 所示。

表 13-4　结构体 TIM_OCInitTypeDef 的主要成员及其作用与取值

结构体成员的名称	结构体成员的作用	结构体成员的取值	描述
TIM_OCMode	选择比较输出模式	TIM_OCMode_Timing	比较时间模式
		TIM_OCMode_Active	比较主动模式
		TIM_OCMode_Inactive	比较非主动模式
		TIM_OCMode_Toggle	比较触发模式
		TIM_OCMode_PWM1	PWM 模式 1
		TIM_OCMode_PWM2	PWM 模式 2
TIM_OCPolarity	输出极性	TIM_OCPolarity_High	输出极性高
		TIM_OCPolarity_Low	输出极性低
TIM_OutputState	输出状态使能	TIM_OutputState_Enable	使能
		TIM_OutputState_Disable	禁止
TIM_Pulse	比较输出值	0x0000～0xffff	根据需要选择

该结构体类型的变量 TIM_OCInitStructure 将作为标准外设库函数 TIM_OC1Init() 和 TIM_OC2Init() 的参数，用来完成 TIM3 的 PWM 输出通道 1 和通道 2 的参数配置。

函数代码第 7～9 行打开了 TIM3、复用控制、PWM 输出复用的 GPIO 端口的时钟。

本项目中 TIM3 的 PWM 通道 1（TIM3PWM_CH1）用来驱动 LED，通道 2（TIM3PWM_CH2）用来驱动风扇。

代码第 11～14 行配置了 TIM3PWM_CH1 复用的 PC6，其工作在复用推挽输出模式；代码第 16～19 行配置了 TIM3PWM_CH2 复用的 PC7，其工作在复用开漏输出模式，这里选择开漏输出是因为风扇的 PWM 端驱动电平高于 STM32 能够直接输出的 3.3V，需要接入上拉电阻以实现电平转换。

代码第 21～26 行对 TIM3 的时间基准参数进行配置，其中，主计数器工作在中央对齐模式，预分频值为 2，自动重装载值为 36000，由此计算出一个完整的计数周期为 2ms，对应 PWM 输出信号的频率为 500Hz。

代码第 28 行调用标准外设库函数 GPIO_PinRemapConfig()，完成对 TIM3 引脚的完全重映射，目的是将默认的 PWM 输出通道 CH1 和 CH2 的引脚重新映射到 PC6 和 PC7 上。

代码第 30～40 行调用标准外设库函数 TIM_OC1Init() 和 TIM_OC2Init()，用以完成 TIM3 的 PWM 输出通道 1 和通道 2 的参数配置，其中，第 31 行配置通道工作在 PWM1 模式（与 TIM3 的中央对齐计数模式相对应），第 32～33 行配置输出极性为正并使能输出。

代码第 34 行规定了比较输出寄存器的初始值，这个值决定了 PWM 输出的占空比，这里初始值为 999, 结合前面第 24 行 TIM3 时基参数配置中将自动重装载值设定为 35999, 则对应 PWM 占空比为：

$$(999+1) / (35999+1) =0.0278=2.78\%$$

函数第 36～37 行调用标准外设库函数 TIM_OC1Init() 和 TIM_OC1PreloadConfig()，完成通道 1 的 PWM 参数配置并使能通道 1 的重装载寄存器。

由于两个 PWM 通道的参数一致，第 39～40 行调用标准外设库函数 TIM_OC2Init() 和 TIM_OC2PreloadConfig()，完成通道 2 的 PWM 参数配置并使能通道 2 的重装载寄存器。

函数第 42 行调用标准外设库函数 TIM_Cmd() 启动 TIM3, 此时 PWM 通道 CH1 和 CH2 开始输出 PWM 控制信号。

将项目代码编译并下载运行，操作三个按键，将得到不同的 LED 亮度和风扇转速。

第 14 章
实训项目 7——帆板角度与芯片温度检测

 学习目标

本项目是利用 STM32 的模拟数字转换器 ADC3 对帆板在不同风扇转速下的偏转角度进行检测，同时利用 ADC1 检测芯片内部温度，并将检测的角度和温度值显示在彩色 LCD 屏幕上。项目要达成的学习目标包括以下几点：

1. 了解电阻式角度传感器的工作原理
2. 了解 STM32 模拟数字转换器 ADC 的编程方法

14.1 相关知识

14.1.1 电阻式角度传感器的原理

图 14-1 所示为电阻式角度传感器的外形，其内部是一个旋转电位器，其两端接入电源后，通过旋转改变中间抽头两侧的电阻值，从而改变中间抽头输出的电压值，通过检测电压值即可得到对应的旋转角度。

图14-1 电阻式角度传感器

14.1.2 模拟/数字转换的过程

模拟/数字转换器（以下简称 ADC）是连接模拟世界和数字世界的桥梁。如图 14-2 所示，模拟信号经过采样、量化、编码三个步骤后转换为数字信号。其中，采样是对模拟信号进行时间轴上的离散，量化是对模拟信号进行幅度轴上的离散。

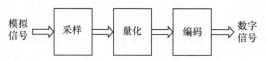

图14-2　模拟信号转换为数字信号的过程

（1）采样

采样是对模拟信号进行周期性地抽取，把时间上连续的信号变成时间上离散的信号。如图 14-3 所示，相邻两次采样的时间间隔 T 称为采样周期，其倒数称为采样频率 f_s。

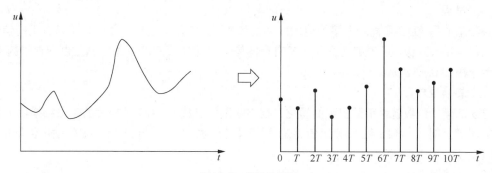

图14-3　信号的采样

采样周期或者采样频率必须遵循奈奎斯特抽样定理的规定，为了使该模拟信号经过采样后包含原信号中的所有信息，即能够无失真地恢复原模拟信号，采样频率的下限必须是被采样模拟信号最高频率的两倍。

（2）量化

对时间轴上连续的模拟信号进行采样后，会得到一个在时间轴上离散的脉冲信号序列，但每个脉冲的值在幅度轴上仍然是连续的，微处理器等数字器件仍无法加以识别。因此需要对幅度轴上连续的信号序列继续进行幅度的离散化，这个过程称为量化。

具体来说，量化就是将采样后的脉冲信号序列以一定的单位进行度量，并以整数倍的数值来标识的过程。如图 14-4 所示，考虑到脉冲信号的最大幅值后，以 U 为单位将幅度轴划分为若干份（考虑到信号以二进制存储，通常为 2^n 份），对脉冲信号进行均匀度量，n 称为量化位数。

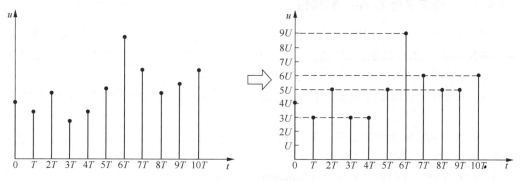

图14-4　信号的量化

量化后的信号和原始信号的差值称为量化误差，很显然，量化位数 n 越大，幅度轴划分得越细，相应的量化误差越小。

（3）编码

编码就是用一组二进制码组来表示每一个有固定电平的量化值，一般来说，编码是在量化的同时完成的。

14.1.3 模拟数字转换的技术指标

对于应用工程师而言，在选择一款合适的 ADC 时，主要考察其技术指标是否满足使用要求，这些指标主要包括量程、转换位数、分辨率、转换时间等。

（1）量程

量程指的是 ADC 所能输入模拟电压的类型和范围，电压类型包括单极性（只有正向信号或者负向信号）和双极性（既有正向信号又有负向信号）。例如 STM32F103 微控制器自带的 ADC 量程为单极性 0～+3.3V。

（2）转换位数

这里的转换位数就是前面提到的量化过程中的量化位数 n，AD 转换后的输出结果用 n 位二进制数表示。例如，8 位 ADC 输出值就是 0～255（一共 2^8=256），10 位 ADC 输出值就是 0～1024（一共 2^{10}=1024）。

（3）分辨率

分辨率是 ADC 能够分辨的模拟信号的最小变化量，和前面介绍的量程与转换位数 n 直接相关，可以采用以下公式计算：

$$分辨率=量程/2^n$$

例如，STM32F103 微控制器自带的 ADC 量程为单极性 0～+3.3V，转换位数为 12，则分辨率为：

$$3.3V/2^{12} = 3.3V/4096 = 0.80566mV$$

（4）转换时间

转换时间是 ADC 完成一次完整 A/D 转换所需要的时间，包括采样、量化、编码的全过程。在实际应用中，对于不同类型的信号，采样时间是不一样的。

转换时间的倒数即为转换速率，表明了一秒钟内可以完成 A/D 转换的次数。

14.1.4 逐次逼近型 A/D 转换器

按照转换原理的不同，ADC 可以分为逐次逼近型 ADC、电压—时间转换型 ADC 和电压—频率转换型 ADC。基于性能和成本的考虑，STM32F103 微控制器内部自带的 ADC 为逐次逼近型。

如图 14-5 所示，逐次逼近型 ADC 由比较器、D/A 转换器、数据缓冲寄存器和控制逻辑电路组成。

逐次逼近型 A/D 转换的基本原理是从高位到低位逐位试探比较，就像用天平称物体，从重到轻逐级增减砝码进行试探。一个典型的转换过程如下。

（1）初始化时，将逐次逼近寄存器各位清零。

（2）转换开始，先将逐次逼近寄存器最高位置 1，送入图 14-5 中的 D/A 转换器，经 D/A 转换后生成的模拟量送入比较器，称为 V_o，与送入比较器的待转换模拟量 V_i 进行比较，若 $V_o < V_i$，该位的 1 被保留，否则被清除。

（3）置逐次逼近寄存器的次高位为 1，将寄存器中新的数字量送入 D/A 转换器，输出的 V_o 再与 V_i 比较，若 $V_o < V_i$，该位的 1 被保留，否则被清除。

（4）重复（3）的步骤直到逐次逼近寄存器的最低位。

（5）转换结束后，将逐次逼近寄存器中的内容送入输出缓冲寄存器，即为 A/D 转换结果。

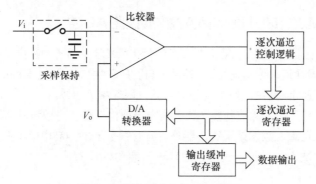

图14-5 逐次逼近式ADC原理框图

图 14-6 给出了一个 4 位逐次逼近型 A/D 转换的例子，图中的 V_i 表示输入电压，粗线表示 DAC 的输出电压，转换步骤如下。

（1）第一次比较，由于 $V_i < V_o$，所以 BIT3 置 0，DAC 被设置为 0100。

（2）第二次比较，由于 $V_i > V_o$，所以 BIT2 保持为 1，DAC 设置为 0110。

（3）第三次比较，由于 $V_i < V_o$，所以 BIT1 置 0，DAC 又设置为 0101。

（4）最后一次比较，由于 $V_i > V_o$，所以 BIT0 置 1。

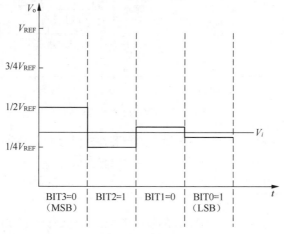

图14-6 4位逐次逼近的过程

在以上转换过程中，输入模拟信号 V_i 需要参与多次比较，而在整个转换过程中是希望 V_i 能够保持稳定的。但是外部的模拟信号随时都会发生变化，为了能让 V_i 保持稳定，几乎所有的 ADC 在模拟信号输入端都会加入采样保持电路（Sampling and Holding，S/H）。

图 14-5 中的采样保持电路可以认为是由一个电子开关加一个电容器组成的，电子开关合上后，外部模拟信号接入电容，经过充放电过程后，电容上的电压与输入模拟信号一致。此时断开电子开关，由于电容的物理特性，理想状态下呈现高阻的电容两端电压将保持恒定，从而可以保

证在整个逐次逼近过程中模拟电压的稳定。

电子开关合上给电容充放电的时间称为采样时间，对于不同变化规律的外部模拟信号，对采样时间的要求是不同的。时间短了电容来不及完成充放电，时间长了会形成对模拟信号的滤波效应。在实际使用过程中，需要根据模拟信号的特点经过试验来选择合适的采样时间。

14.1.5　STM32 微控制器的模拟数字转换器 ADC

STM32F103ZE 微控制器中有 ADC1、ADC2 和 ADC3 共 3 个 12 位逐次逼近型模拟数字转换器，具有 18 个测量通道，可测量 16 个外部（与 GPIO 端口复用引脚）和 2 个内部信号源（内部温度和内部参考电压），其中，两个内部信号源只能连接 ADC1。

图 14-7 所示为 STM32 微控制器 ADC 的内部结构框图，可以看到，除了核心的逐次逼近 ADC、模拟信号输入通道、数据结果寄存器外，还有很多触发控制电路。在实际使用过程中，既可以由其他外设来触发 A/D 转换，也可以由软件来启动 A/D 转换。

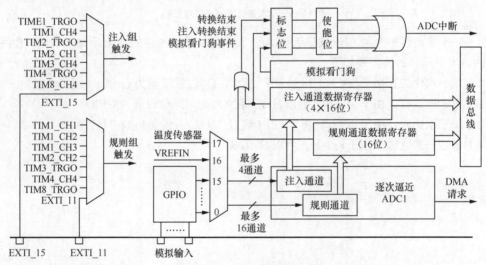

图14-7　ADC内部结构框图

ADC 的输入时钟由 APB2 时钟（一般设定为与芯片主频相同）经分频产生，最大为 14MHz（由主频 56MHz 经四分频后产生），对应的 ADC 转换时间最短为 1μs。

当芯片主频为最高 72MHz 时，经分频后并不能产生 ADC 的最高输入时钟，对应的 ADC 转换时间最短为 1.17μs。

按 A/D 转换的组织形式来划分，ADC 的模拟信号输入通道分为规则组和注入组两种。ADC 可以对一组最多 16 个通道按照指定的顺序逐个进行转换，这组指定的通道称为规则组。

在实际应用中，可能需要中断规则组的转换，临时对某些通道进行转换，就好像这些通道注入了原来的规则组，所以形象地称其为注入组，注入组最多由 4 个通道组成。

规则组可以由软件启动，也可以由外部触发；注入组则可以由外部触发或自动注入（在规则组转换完毕后自动开始注入组转换，可以看作是对规则组的扩充）。

A/D 转换结果以左对齐或右对齐方式，存储在 16 位规则组或者注入组数据寄存器中。

图 14-8 所示为规则组与注入组的转换关系示例，包含了几个重要的技术细节。

（1）规则组或者注入组中的通道并不需要按照通道号的顺序排列，例如，图 14-8 中规则组的排列顺序是 CH9—CH10—CH7—CH10。

（2）在一个组别的排列中，同一通道可以出现多次，例如，图 14-8 中规则组的 CH10 出现了两次。

（3）注入组插入规则组的时机可以是任意的，但必须在当前规则组通道转换完毕之后才可以开始注入组的转换，例如，图 14-8 中必须要在规则组 2 转换完毕之后，注入组才能启动。

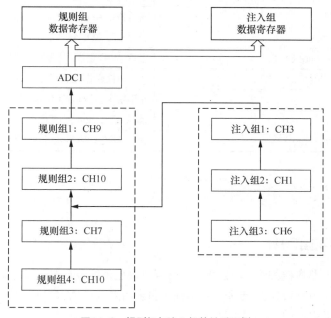

图14-8　规则组与注入组的关系示例

各通道的 A/D 转换可以以单次、连续、扫描或间断模式执行，转换方式与扫描模式的关系如表 14-1 所示。

表 14-1　ADC 转换方式与扫描模式的关系

转换方式	扫描模式	运行结果
单次转换	非扫描模式	组内第一个通道转换一次即停止
连续转换	非扫描模式	组内第一个通道连续转换
单次转换	扫描模式	组内所有通道按顺序转换一次即停止
连续转换	扫描模式	组内所有通道按顺序转换一次并继续下一轮

受微控制器芯片生产成本和工艺所限，逐次逼近型 ADC 内部 DAC 所使用电容器组的一致性差异会造成 A/D 转换结果的误差，所以在初始化配置 ADC 时应该进行校准操作。在校准过程中，每个电容器上都会计算出一个误差修正码（数字值），这个修正码用于抵消随后的转换中每个电容器上产生的误差。

14.1.6　ADC 编程涉及的标准外设库函数

本项目涉及的 ADC 编程用到的标准外设库函数如表 14-2 所示，现在只需要简单了解函数的作用，在代码分析时再做详细讲解。

表 14-2　本项目操作 ADC 所涉及的标准外设库函数

函数名称	函数作用
ADC_Init()	ADC 初始化配置函数
ADC_RegularChannelConfig()	设置指定 ADC 的规则组通道
ADC_Cmd()	使能或者禁用指定的 ADC
ADC_ResetCalibration()	重置指定 ADC 的校准寄存器
ADC_StartCalibration()	开始指定 ADC 的校准状态
ADC_GetResetCalibrationStatus(3)	获取 ADC 重置校准寄存器的状态
ADC_SoftwareStartConvCmd()	软件转换启动功能
ADC_GetFlagStatus()	检查指定 ADC 标志位置 1 与否
ADC_ClearFlag()	清除 ADCx 的待处理标志位
ADC_GetConversionValue()	返回 ADCx 规则组的转换结果

14.2　项目实施

14.2.1　硬件电路设计

本项目的硬件电路连接如图 14-9 所示，检测对象是角度传感器，其本质就是一个旋转电位器，电位器两端分别接地和 3.3V 电源，中间抽头引出后连接到 ADC3 的通道 1（ADC3_IN1）输入引脚，此引脚与 GPIOA 口的 PA1 复用。

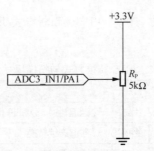

图14-9　角度传感器与STM32微控制器的硬件连接

芯片内部的温度传感器不需要外部电路，已经在芯片内部固定连接到了 ADC1 的第 16 通道（ADC1_IN16）。

14.2.2　程序设计思路

本项目主要的软件流程如图 14-10 所示，首先完成 LCD 初始化和外设初始化，外设初始化的重点是对模拟数字转换器 ADC3 和 ADC1 的初始化配置。然后，在主函数的 while（1）循环中完成按键扫描、根据键值设置 PWM 占空比、读取 AD 转换值并对结果进行中值滤波、相关参数的显示等操作。限于篇幅，流程图中并未标识出 ADC1 的初始化配置。

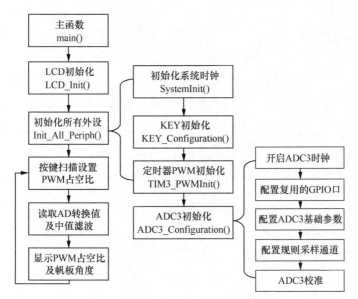

图14-10　帆板角度检测软件流程图

14.2.3　程序代码分析

首先分析一下本项目的主函数代码。

主函数 main()代码

```
1.      int main(void)
2.      {
3.          char buf[25];
4.          u16 width[3]={5000,15000,33000};
5.          u16 i=0,pwm=width[0];
6.          u16 static count=0;
7.          float temp_ic;
8.          u16 ADC_tempValue[8],ADC_AngValue[8],angle;
9.
10.         LCD_Init();                          //LCD 彩屏初始化
11.         LCD_ClearScreen(WHITE);              //清屏
12.
13.         Init_All_Periph();
14.
15.         GUI_Chinese(10,20,"当前脉冲宽度",BLUE,WHITE);
16.         GUI_Chinese(10,40,"当前占空比",BLUE,WHITE);
17.
18.         GUI_Chinese(10,100,"当前角度原始值",BLUE,WHITE);
19.         GUI_Chinese(10,120,"当前角度",BLUE,WHITE);
20.
```

```
21.          GUI_Chinese(10,180,"当前芯片温度",BLUE,WHITE);
22.
23.          while(1)
24.          {
25.              i=KEY_Scan();
26.              if(i!=0)
27.              {
28.                  pwm=width[i-1];
29.                  TIM_SetCompare1(TIM3, pwm);
30.                  TIM_SetCompare2(TIM3, pwm);
31.              }
32.              //角度检测
33.              for(i=0;i<8;i++)                          //连续采样 8 次
34.              {
35.                  while(ADC_GetFlagStatus(ADC3,ADC_FLAG_EOC)!=1);
                                    //AD 转换是否完成
36.                  ADC_ClearFlag(ADC3,ADC_FLAG_EOC);   //清除转换完成标志
37.                  ADC_AngValue[i]=ADC_GetConversionValue(ADC3);
                                    //读取转换值
38.              }
39.              angle=Mid_Value_Filter(ADC_AngValue);
40.              //温度检测
41.              for(i=0;i<8;i++)                          //连续采样 8 次
42.              {
43.                  while(ADC_GetFlagStatus(ADC1,ADC_FLAG_EOC)!=1);
                                    //AD 转换是否完成
44.                  ADC_ClearFlag(ADC1,ADC_FLAG_EOC);   //清除转换完成标志
45.                  ADC_tempValue[i]=ADC_GetConversionValue(ADC1);
                                    //读取转换值
46.              }
47.              temp_ic=(1520-(Mid_Value_Filter(ADC_tempValue)*3300/4096))/
4.6+25;
48.
49.              count++;
50.              if((count&0x1FFF)==0)
51.              {
52.                  sprintf(buf,"%-5d", angle);
53.                  GUI_Text(125,100,(u8 *)buf,RED,WHITE);
54.
55.                  sprintf(buf,"%-3.0f", (float)angle*0.10976-209.0928);
56.              GUI_Text(125,120,(u8 *)buf,RED,WHITE);   //显示角度
57.
58.                  sprintf(buf,"%-5d", pwm);
59.                  GUI_Text(125,20,(u8 *)buf,RED,WHITE);
```

```
60.
61.              sprintf(buf,"%-5.2f%%", (float)pwm/360);
62.              GUI_Text(125,40,(u8 *)buf,RED,WHITE);       //显示占空比
63.
64.              sprintf(buf,"%02d", (u16)temp_ic);
65.              GUI_Text(125,180,(u8 *)buf,RED,WHITE);      //显示温度值
66.          }
67.      }
68.  }
```

　　主函数在完成外设及 LCD 显示屏的初始化操作后，进入主循环，代码第 25~31 行根据按键返回值，选择不同的 PWM 参数来改变 TIM3 两个 PWM 输出通道 CH1 和 CH2 输出 PWM 波形的占空比，从而控制 LED 亮度和风扇转速。

　　代码第 33~39 行连续读取 8 次 ADC3 的转换结果（帆板角度原始值）。这里要注意，相对于 STM32 内核的运行速度，A/D 转换是一个十分缓慢的过程，只有在每次转换结束后，ADC 转换结果寄存器中的内容才会更新。为此在读取转换结果前，首先要在代码第 35 行调用标准外设库函数 ADC_GetFlagStatus()，判断 ADC3 是否已经完成了 A/D 转换，以保证获取最新的转换结果。

　　如果转换完成，则在第 36 行调用标准外设库函数 ADC_ClearFlag()，清除转换完成标志，并在第 37 行调用函数 ADC_GetConversionValue()，读取转换结果。

　　在获取了 8 个 A/D 转换数据后，在代码第 39 行调用函数 Mid_Value_Filter() 对转换结果进行中值滤波。

　　代码第 52~62 行调用了 C 语言标准输入输出库中的 sprintf() 函数，将占空比参数以及帆板角度值按照要求的格式转换为字符串，然后显示在 LCD 屏幕上。

　　这里要特别说明的是代码第 55 行：

```
sprintf(buf,"%-3.0f", (float)angle*0.10976-209.0928)
```

是根据 A/D 转换结果换算出帆板角度的真实值，并转换为字符串形式，其中，表达式 "angle*0.10976-209.0928" 的作用是对 A/D 转换结果进行整定或者说量程转换。

　　在本项目中，帆板角度的真实值按照以下公式确定：

$$帆板角度真实值 = AD 转换原始值 \times k + b$$

　　在帆板偏转角度为 0° 和 90° 时各读取一次 AD 转换原始值（可以在 MDK 中进入调试状态读取），然后代入上式中计算，得出 k 和 b 的值。

　　由于旋转电位器型角度传感器的电阻值与角度值是线性关系，可以很容易地按照以上公式根据 A/D 转换的原始值计算出帆板的偏转角度。

　　与 ADC3 转换结果的处理类似，代码第 41~46 行连续读取 8 次 ADC1 的 A/D 转换结果（芯片内部温度原始值）。

　　代码第 47 行对转换结果进行中值滤波并转换为真实值：

```
temp_ic=(1520-(Mid_Value_Filter(ADC_tempValue)*3300/4096))/4.6+25;
```

　　在 STM32F103 的技术参考手册中，规定芯片内部温度的转换公式为：

$$温度真实值(℃) = \{(V_{25} - V_{SENSE}) / Avg\_Slope\} + 25$$

其中，$V_{25} = V_{SENSE}$ 在 25℃ 时的数值，

Avg_Slope ＝温度与 V_{SENSE} 曲线的平均斜率(单位为 mV/℃或μV/℃)。

具体参数可以查询 STM32 芯片的数据手册并根据实际情况进行调整。需要特别指出的是，在实际应用中，该温度值更多地反映了芯片内部温度变化的趋势，而不能视作芯片内部的准确温度。

现在看一下初始化所有外设函数 Init_All_Periph()，它的代码如下。

初始化所有外设函数 Init_All_Periph()代码

```
1.    void Init_All_Periph(void)
2.    {
3.        SystemInit();
4.
5.        KEY_Configuration();
6.        TIM3_PWMInit();
7.        ADC1_Configuration();
8.        ADC3_Configuration();
9.    }
```

可以看到，初始化外设函数中的前 6 行都是熟悉的内容，分别完成了系统时钟的初始化、按键对应 GPIO 端口的初始化以及 TIM3 的初始化配置。然后调用函数 ADC1_Configuration()和 ADC3_Configuration()，完成对 ADC1 和 ADC3 的初始化配置。

首先分析一下用于帆板角度检测的 ADC3 初始化函数 ADC3_Configuration()。

ADC3 初始化函数 ADC3_Configuration()代码

```
1.    void ADC3_Configuration(void)
2.    {
3.        ADC_InitTypeDef ADC_InitStructure;
4.        GPIO_InitTypeDef GPIO_InitStructure;
5.
6.        RCC_APB2PeriphClockCmd(RCC_APB2Periph_GPIOA| RCC_APB2Periph_
ADC3, ENABLE );
7.
8.        GPIO_InitStructure.GPIO_Pin = GPIO_Pin_1;
9.        GPIO_InitStructure.GPIO_Mode =GPIO_Mode_AIN;        //模拟输入模式
10.       GPIO_Init(GPIOA, &GPIO_InitStructure);
11.
12.       ADC_InitStructure.ADC_Mode = ADC_Mode_Independent;
                                    //ADC 工作在独立模式
13.       ADC_InitStructure.ADC_ScanConvMode = ENABLE;        //扫描多通道模式
14.       ADC_InitStructure.ADC_ContinuousConvMode = ENABLE; //连续转换模式
15.       //禁止外部触发转换模式，软件触发
16.       ADC_InitStructure.ADC_ExternalTrigConv = ADC_ExternalTrigConv_
None;
17.       ADC_InitStructure.ADC_DataAlign = ADC_DataAlign_Right;
                                    //AD 数据右对齐
```

```
18.          ADC_InitStructure.ADC_NbrOfChannel = 1;   //顺序进行规则转换的 ADC
通道的数目
19.          ADC_Init(ADC3, &ADC_InitStructure);
20.
21.          //规则采样通道次序与采样时间
22.          ADC_RegularChannelConfig(ADC3, ADC_Channel_1, 1, ADC_SampleTime_
239Cycles5);
23.
24.          ADC_Cmd(ADC3, ENABLE);                      //使能 ADC
25.
26.          ADC_ResetCalibration(ADC3);                 //复位 ADC 校准寄存器
27.          while(ADC_GetResetCalibrationStatus(ADC3)); //等待校准寄存器复位完成
28.
29.          ADC_StartCalibration(ADC3);                 //开始 ADC 校准
30.          while(ADC_GetCalibrationStatus(ADC3));      //等待校准完成
31.
32.          ADC_SoftwareStartConvCmd(ADC3, ENABLE);     //软件启动 AD 转换
33.     }
```

由于 ADC3 和 GPIOA 的时钟取自 APB2 总线时钟，代码第 6 行调用函数 RCC_APB2PeriphClockCmd()开启这两个外设的时钟。

由于 ADC3 通道 1 与 GPIOA 的引脚 1 复用，代码第 8~10 行将 GPIOA 的引脚 1 设置为模拟输入模式。

函数开始定义了一个类型为 ADC_InitTypeDef 的结构体变量 ADC_InitStructure，用于 ADC 的初始化配置，此结构体的成员定义如表 14-3 所示。

表 14-3　结构体 ADC_InitTypeDef 的成员及其作用与取值

结构体成员的名称	结构体成员的作用	结构体成员的取值	描述
ADC_Mode	设置 ADC 工作在独立或者双 ADC 模式	ADC_Mode_Independent	独立模式
		多种双 ADC 模式	根据需要选择
ADC_ScanConvMode	设置扫描模式	ENABLE	扫描
		DISABLE	单次
ADC_ContinuousConvMode	设置连续转换模式	ENABLE	连续
		DISABLE	不连续
ADC_ExternalTrigConv	设置外部触发	ADC_ExternalTrigConv_None	软件触发
		多种外部触发通道	外部触发
ADC_DataAlign	转换结果对齐方式	ADC_DataAlign_Right	右对齐
		ADC_DataAlign_Left	左对齐
ADC_NbrOfChannel	规则组通道数	1~16	根据需要选择

代码第 12~18 行对表 14-3 中结构体变量 ADC_InitStructure 的成员进行赋值，其中，第 12~14 行设定 ADC3 工作在独立的连续扫描模式下。

代码第 16 行禁止外部触发 A/D 转换，而是采用软件启动 A/D 转换。

代码第 17 行设定转换结果采用右对齐格式。

由于 ADC3 的转换对象只有一个帆板角度值，所以代码第 18 行设定规则组通道数为 1。

代码第 19 行调用 ADC 初始化函数 ADC_Init()。

代码第 22 行调用标准外设库 ADC_RegularChannelConfig()，对规则组的每一个通道的采样顺序和采样时间进行配置。由于规则组通道数为 1，所以这里的采样顺序只能设置成 1。

因为帆板角度变化相对比较缓慢，所以，采样时间选择为 ADC_SampleTime_239Cycles5，当 ADC 的时钟为 14MHz 时，采样时间为 239.5μs。

代码第 24 行调用标准外设库函数 ADC_Cmd() 使能 ADC 后，还要在第 26～30 行完成 ADC 的校准操作，这是对 ADC 进行初始化配置过程中的规定动作。

在完成校准后，第 32 行调用标准外设库函数 ADC_SoftwareStartConvCmd()，软件启动 A/D 转换。

接下来，我们分析用于芯片温度检测的 ADC1 初始化函数 ADC1_Configuration()，ADC1 的初始化与 ADC3 的初始化完全一致，由于是对芯片内置的温度传感器进行检测，还要对温度传感器进行必要的操作。由于信号对象不同，ADC1 与 ADC3 的某些配置参数也不尽相同，下面我们对这些差异进行重点介绍。

ADC1 初始化函数 ADC1_Configuration()代码

```
1.     void ADC1_Configuration(void)
2.     {
3.         ADC_InitTypeDef ADC_InitStructure;
4.
5.         RCC_APB2PeriphClockCmd(RCC_APB2Periph_ADC1, ENABLE );
6.
7.         ADC_InitStructure.ADC_Mode = ADC_Mode_Independent;      //ADC 工作在独立模式
8.         ADC_InitStructure.ADC_ScanConvMode = ENABLE;   //扫描多通道模式
9.         ADC_InitStructure.ADC_ContinuousConvMode = ENABLE; //连续转换模式
10.        //禁止外部触发转换模式，软件触发
11.        ADC_InitStructure.ADC_ExternalTrigConv = ADC_ExternalTrigConv_None;
12.        ADC_InitStructure.ADC_DataAlign = ADC_DataAlign_Right; //AD 数据右对齐
13.        ADC_InitStructure.ADC_NbrOfChannel = 1;   //顺序进行规则转换的 ADC 通道数目
14.        ADC_Init(ADC1, &ADC_InitStructure);
15.
16.        //规则采样通道次序与采样时间
17.        ADC_RegularChannelConfig(ADC1, ADC_Channel_16, 1, ADC_SampleTime_28Cycles5);
18.        ADC_TempSensorVrefintCmd(ENABLE);         //使能内部温度传感器
19.
20.        ADC_Cmd(ADC1, ENABLE);                    //使能 ADC
```

```
21.
22.          ADC_ResetCalibration(ADC1);                        //复位 ADC 校准寄存器
23.          while(ADC_GetResetCalibrationStatus(ADC1));  //等待校准寄存器复位完成
24.
25.          ADC_StartCalibration(ADC1);                        //开始 ADC 校准
26.          while(ADC_GetCalibrationStatus(ADC1));         //等待校准完成
27.
28.          ADC_SoftwareStartConvCmd(ADC1, ENABLE);  //软件启动 AD 转换
29.   }
```

由于温度传感器在芯片内部直接与 ADC1 的 16 通道相连，所以，不需要像 ADC3 初始化那样对 GPIO 进行配置。

STM32F103 微控制器技术手册推荐内部温度传感器的采样时间为 17.1μs，所以在代码第 17 行选择了一个略高于此采样时间的值 ADC_SampleTime_28Cycles5。

代码第 18 行使能了内部温度传感器，函数其他部分的代码与 ADC1 的初始化配置函数一致。

回到主函数，完成初始化配置后，在 while(1) 循环中读取 A/D 转换结果。要注意的是，相对于 STM32 内核的运行速度，A/D 转换是一个十分缓慢的过程，只有在每次转换结束后，ADC 转换结果寄存器中的内容才会更新。为此在读取转换结果前，首先要调用函数 ADC_GetFlagStatus() 判断 ADC3 是否已经完成了转换，以保证获取最新的转换结果。

将项目代码编译并下载运行，操作三个按键，将得到不同风扇的转速，同时在 LCD 屏幕上将显示当前帆板转动的角度和芯片的温度值。

14.3　拓展项目——利用规则通道检测芯片温度与内部参考电压

14.3.1　项目要求

要求在模拟数字转换器 ADC 学习的基础上，实现如下功能：

（1）将 ADC1 中 16 通道的芯片温度列为规则组的第一位；

（2）将 ADC1 中 17 通道的芯片内部参考电压列为规则组的第二位；

（3）开启连续扫描模式，读取温度值和参考电压值并显示在 LCD 屏幕上。

14.3.2　项目提示

如果 ADC 的规则组中包含多个通道，在使用标准外设库函数进行编程时，将没有明确的机制确定当前从规则组转换结果寄存器中读取的值到底属于哪一个通道，解决此问题最便捷的方法就是使用实训项目 8 中将要介绍的 DMA 传输。当 DMA 传输方向为外设至存储器时，内存中目的数组数据排列顺序与规则组通道排列顺序一致。

Chapter 15

第 15 章
实训项目 8——帆板角度与芯片温度检测（DMA 方式）

学习目标

本项目是利用 STM32 微控制器的 DMA 将 ADC3 检测到的帆板偏转角度数据以及 ADC1 检测到的芯片内部温度数据传输到内存中进行处理，并将检测结果显示在彩色 LCD 屏幕上。项目要达成的学习目标包括以下几点：

1. 了解 DMA 的基本概念
2. 了解 STM32 微控制器 DMA 的编程方法

15.1 相关知识

15.1.1 DMA 的基本概念

在实训项目 7 中，STM32 微控制器需要从 AD 转换器中不停地读取帆板角度和芯片温度数据，一般会采用查询或者中断的方式读取，并放到内存中进行处理。如图 15-1 所示，无论是采取查询或者中断方式读取 AD 转换器等外设的数据，都需要内核 CPU 介入进行简单的数据搬运工作。对于宝贵的运算资源来说，这无疑是巨大的浪费。那么，有没有方法将 CPU 从简单的数据搬运工作中解放出来呢？答案是肯定的，这就是 DMA。

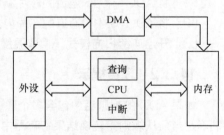

图15-1　DMA原理示意图

直接存储器访问（Direct Memory Access，DMA）可以在不需要 CPU 介入的情况下将数据从一个地址空间复制到另一个地址空间，最典型的应用就是将数据在外设和存储器（包括数据存储器和程序存储器）之间以及在存储器的不同区域之间进行传输。

DMA 传输对于高效能嵌入式系统算法和网络是很重要的。由于 DMA 方式无须 CPU 直接控制传输，也不需要中断处理方式那样保留现场和恢复现场，而是通过硬件为外设与存储器开辟一条直接传送数据的通路，从而使 CPU 处理数据的效率大为提高。

15.1.2　STM32F103ZE 微控制器的 DMA

STM32F1xx 系列微控制器最多有 DMA1 和 DMA2 两个 DMA 控制器，DMA2 仅存在于大容量产品中（如 STM32F103ZE 微控制器）。DMA1 有 7 个通道，DMA2 有 5 个通道。每个通道专门用来管理来自一个或多个外设对存储器访问的请求。还有一个仲裁器用于协调各个 DMA 请求的优先权。

图 15-2 所示为 STM32F103 微控制器的 DMA1 控制器的数据传输示意图，DMA2 与之类似，只是存在通道数量上的差异。注意这里的数据传输示意图并非实际的芯片内部 DMA 控制器原理框图，而是为了方便读者理解对其做了一定的修改之后的图。

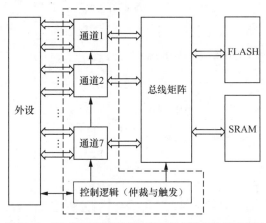

图15-2　STM32F103微控制器的DMA 1数据传输示意图

在 DMA1 中有 7 个通道，每个通道由多个外设共用，一次只能选择其中一个外设。外设与存储器（包括 FLASH 和 SRAM）通过总线矩阵连接，并且拥有对应的触发请求与控制电路。DMA1 的通道与外设的连接关系如表 15-1 所示。

表 15-1　STM32F103 的 DMA1 通道与外设的连接关系

外设	通道 1	通道 2	通道 3	通道 4	通道 5	通道 6	通道 7
ADC1	ADC1						
SPI/I²S		SPI1_RX	SPI1_TX	SPI2/I²S2_RX	SPI2/I²S2_TX		
USART		USART3_TX	USART3_RX	USART1_TX	USART1_RX	USART2_TX	USART2_RX
I²C				I²C2_TX	I²C2_RX	I²C1_TX	I²C1_RX
TIM1		TIM1_CH1	TIM1_CH2	TIM1_CH4 TIM1_TRIG TIM1_COM	TIM1_UP	TIM1_CH3	
TIM2	TIM2_CH3	TIM2_UP			TIM2_CH1		TIM2_CH2 TIM2_CH4
TIM3		TIM3_CH3	TIM3_CH4 TIM3_UP			TIM3_CH1 TIM3_TRIG	
TIM4	TIM4_CH1			TIM4_CH2	TIM4_CH3		TIM4_UP

图 15-3 所示为 DMA1 的通道触发控制逻辑原理框图，从外设产生的 DMA 请求通过"逻辑或"输入到 DMA 控制器，这就意味着同时只能有一个请求有效。外设的 DMA 请求可以通过设置相应的外设寄存器中的控制位，被独立地开启或关闭。

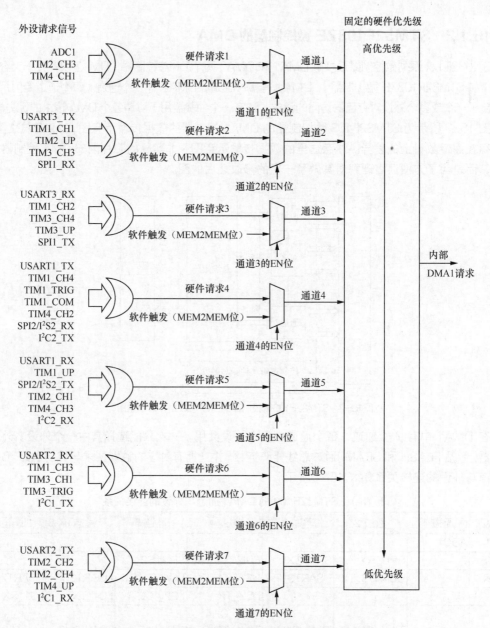

图15-3　STM32F103的DMA1通道触发控制逻辑原理框图

DMA2 控制器仅存在于大容量的 STM32F103 微控制器中，DMA2 拥有 5 个通道，每个通道与外设的连接关系如表 15-2 所示。

表 15-2　STM32F103 的 DMA2 通道连接表

外设	通道 1	通道 2	通道 3	通道 4	通道 5
ADC3					ADC3
SPI/I²S3	SPI/I²S3_RX	SPI/I²S3_TX			
USART4			USART4_RX		USART4_TX

续表

外设	通道 1	通道 2	通道 3	通道 4	通道 5
SDIO				SDIO	
TIM5	TIM5_CH4 TIM5_TRIG	TIM5_CH3 TIM5_UP		TIM5_CH2	TIM5_CH1
TIM6 DAC_CH1			TIM6_UP DAC_CH1		
TIM7 DAC_CH2				TIM7_UP DAC_CH2	
TIM8	TIM8_CH3 TIM8_UP	TIM8_CH4 TIM8_TRIG TIM8_COM	TIM8_CH1		TIM8_CH2

图 15-4 所示为 DMA2 的通道触发控制逻辑原理框图。

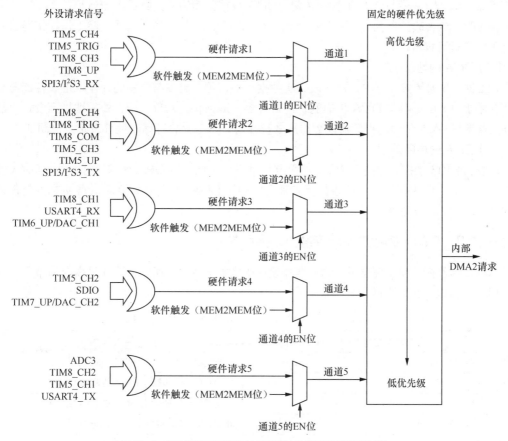

图15-4 STM32F103的DMA2通道触发控制逻辑原理框图

STM32F103 微控制器的 DMA 具有以下特性。

（1）DMA 触发请求

DMA 控制器的每个通道都直接连接专用的硬件 DMA 请求，同时支持软件触发 DMA 请求。

（2）DMA 通道的优先级

当多个通道同时产生 DMA 请求时，依照各自的优先级别进行，优先级别可以通过软件编程设置，共有很高、高、中等和低四个级别，当软件优先级相同时则由硬件优先级决定（参见触发控制逻辑原理框图）。

（3）DMA 数据的宽度

源数据区和目标数据区的传输宽度可以单独设置为字节（8 位）、半字（16 位）、全字（32 位），源数据地址和目标数据地址必须按数据宽度对齐。

（4）DMA 的传输模式

STM32F103 微控制器的 DMA 传输模式分为普通模式和循环模式。普通模式指进行完一轮 DMA 数据传输后，DMA 通道即关闭。循环模式指进行完一轮 DMA 数据传输后，会自动开始新一轮 DMA 数据传输。

（5）DMA 的传输方向和传输数目

STM32F103 微控制器的 DMA 支持外设到存储器（P2M）、存储器到外设（M2P）、存储器到存储器（M2M）等多个方向的数据传输。DMA 数据传输的最大数目为 65536。

当 DMA 的传输方向为存储器到存储器（M2M）时，DMA 传输模式只能工作在普通模式，不能工作在循环模式。

（6）DMA 的地址控制

在 DMA 数据传输过程中，每完成一次数据传输，可以将参与传输的外设地址和存储器地址设为自动加 1。由于参与 DMA 传输的外设寄存器一般为特定对象，所以外设地址不设定为自动加 1；当参与 DMA 传输的存储器以数组形式存在时，一般会将存储器地址设定为自动加 1。

（7）DMA 的中断处理

STM32F103 微控制器的每个 DMA 通道都有三个事件标志(DMA 传输完成一半、DMA 传输完成和 DMA 传输出错)，这三个事件标志都可以触发 DMA 中断。对 DMA 传输数据的处理通常会放在 DMA 中断服务函数中。

15.1.3 DMA 编程涉及的标准外设库函数

本项目涉及的 DMA 编程用到的标准外设库函数如表 15-3 所示，现在只需要简单了解函数的作用，在代码分析时再做详细讲解。

表 15-3 本项目操作 DMA 所涉及的标准外设库函数

函数名称	函数作用
ADC_DMACmd()	使能或者禁用指定 ADC 的 DMA 请求
DMA_DeInit()	将 DMA 的通道寄存器重设为默认值
DMA_Init()	根据指定参数初始化 DMA 的通道寄存器
DMA_ClearITPendingBit()	清除 DMA 通道中断待处理标志位
DMA_ITConfig()	使能或者禁用指定的 DMA 通道中断
DMA_Cmd()	使能或者禁用指定的 DMA 通道
DMA_GetITStatus()	检查指定的 DMA 通道中断发生与否
DMA_ClearFlag()	清除 DMA 通道待处理标志位

15.2 项目实施

15.2.1 硬件电路设计

本项目的硬件电路与实训项目 7 完全一致，这里不再赘述。

15.2.2 程序设计思路

本项目主要的软件流程如图 15-5 所示。

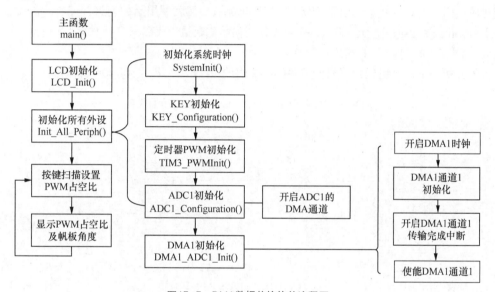

图15-5　DMA数据传输软件流程图

首先完成 LCD 初始化和外设初始化，外设初始化的重点是在对模拟数字转换器 ADC1、ADC3 的初始化配置中选通各自的 DMA 通道，并在 DMA1、DMA2 的初始化配置中设定相关参数（限于篇幅，图 15-5 中仅标注了 ADC1 和 DMA1 的初始化过程）。

然后，在主函数的无限循环中完成按键扫描、根据键值设置 PWM 占空比，并完成 PWM 占空比、帆板偏转角度和芯片温度的显示。

在 DMA1 中断服务函数和 DMA2 中断服务函数中读取 AD 转换值并对结果进行中值滤波。

15.2.3 程序代码分析

本项目是在实训项目 7 的基础上将 AD 转换结果数据的读取由查询模式改为 DMA 传输方式，外设初始化环节变化较大。首先分析一下初始化所有外设函数 Init_All_Periph()，它的代码如下。

初始化所有外设函数 Init_All_Periph()代码

```
1.      void Init_All_Periph(void)
2.      {
3.          SystemInit();
```

```
4.
5.          KEY_Configuration();
6.          TIM3_PWMInit();
7.          ADC1_Configuration();
8.          ADC3_Configuration();
9.          DMA1_ADC1_Init();
10.         DMA2_ADC3_Init();
11.         NVIC_Configuration();
12.    }
```

初始化所有外设函数中的前 8 行代码与实训项目 7 完全一致,分别完成了系统时钟的初始化、按键对应 GPIO 端口的初始化以及 TIM3 的初始化配置。然后调用函数 ADC1_Configuration()和 ADC3_Configuration()完成对 ADC1 和 ADC3 的初始化配置。代码第 9 行和第 10 行分别调用函数完成对 DMA1 和 DMA2 的初始化配置。

首先分析一下用于帆板角度检测的 ADC3 初始化函数 ADC3_Configuration()。

ADC3 初始化函数 ADC3_Configuration()代码

```
1.     void ADC3_Configuration(void)
2.     {
3.          ADC_InitTypeDef ADC_InitStructure;
4.          GPIO_InitTypeDef GPIO_InitStructure;
5.
6.          RCC_APB2PeriphClockCmd(RCC_APB2Periph_GPIOA| RCC_APB2Periph_
ADC3, ENABLE );
7.
8.          GPIO_InitStructure.GPIO_Pin = GPIO_Pin_1;
9.          GPIO_InitStructure.GPIO_Mode =GPIO_Mode_AIN;        //模拟输入模式
10.         GPIO_Init(GPIOA, &GPIO_InitStructure);
11.
12.         ADC_InitStructure.ADC_Mode = ADC_Mode_Independent;
                                   //ADC 工作在独立模式
13.         ADC_InitStructure.ADC_ScanConvMode = ENABLE;        //扫描多通道模式
14.         ADC_InitStructure.ADC_ContinuousConvMode = ENABLE;  //连续转换模式
15.         //禁止外部触发转换模式,软件触发
16.         ADC_InitStructure.ADC_ExternalTrigConv = ADC_ExternalTrigConv_
None;
17.         ADC_InitStructure.ADC_DataAlign = ADC_DataAlign_Right;
                                   //AD 数据右对齐
18.         ADC_InitStructure.ADC_NbrOfChannel = 1;
                                   //顺序进行规则转换的 ADC 通道的数目
19.         ADC_Init(ADC3, &ADC_InitStructure);
20.
21.         //规则采样通道次序与采样时间
22.         ADC_RegularChannelConfig(ADC3, ADC_Channel_1, 1, ADC_SampleTime_
239Cycles5);
```

```
23.
24.         ADC_DMACmd(ADC3, ENABLE);                      //ADC 命令，和 DMA 关联
25.
26.         ADC_Cmd(ADC3, ENABLE);                         //使能 ADC
27.
28.         ADC_ResetCalibration(ADC3);                    //复位 ADC 校准寄存器
29.         while(ADC_GetResetCalibrationStatus(ADC3));    //等待校准寄存器复位完成
30.
31.         ADC_StartCalibration(ADC3);                    //开始 ADC 校准
32.         while(ADC_GetCalibrationStatus(ADC3));         //等待校准完成
33.
34.         ADC_SoftwareStartConvCmd(ADC3, ENABLE);        //软件启动 AD 转换
35.     }
```

该函数与实训项目 7 中的 ADC3_Configuration()函数内容基本一致，区别是在代码第 24 行调用了标准外设库函数 ADC_DMACmd(ADC3, ENABLE)将 ADC3 与 DMA 连接。

此外 ADC1 的初始化函数 ADC1_Configuration()中也调用了标准外设库函数 ADC_DMACmd (ADC1, ENABLE)将 ADC1 与 DMA 连接。

下面重点分析 DMA2 的初始化配置函数，它的代码如下。

DMA2 初始化函数 DMA2_ADC3_Init()代码

```
1.      void DMA2_ADC3_Init()
2.      {
3.          DMA_InitTypeDef   DMA_InitStruct;
4.
5.          RCC_AHBPeriphClockCmd(RCC_AHBPeriph_DMA2, ENABLE );
6.
7.          DMA_DeInit(DMA2_Channel5);                     //复位 DMA2 的第 5 通道
8.          DMA_InitStruct.DMA_PeripheralBaseAddr = (u32)&ADC3->DR;
                                                          //外设基地址
9.          DMA_InitStruct.DMA_PeripheralDataSize = DMA_PeripheralDataSize_
HalfWord;
10.         DMA_InitStruct.DMA_MemoryBaseAddr = (u32)ADC_AngValue;
11.         DMA_InitStruct.DMA_DIR = DMA_DIR_PeripheralSRC;
                                          //SRC 模式，外设到存储器
12.         DMA_InitStruct.DMA_M2M = DMA_M2M_Disable;      //M2M 模式禁止
13.         DMA_InitStruct.DMA_MemoryDataSize = DMA_MemoryDataSize_HalfWord;
14.         DMA_InitStruct.DMA_MemoryInc = DMA_MemoryInc_Enable;
                                          //存储器地址后移
15.         DMA_InitStruct.DMA_PeripheralInc = DMA_PeripheralInc_Disable;
                                          //外设地址不变
16.         DMA_InitStruct.DMA_Mode  = DMA_Mode_Circular;  //循环缓存模式
17.         DMA_InitStruct.DMA_Priority = DMA_Priority_High;  //DMA 优先级高
18.         DMA_InitStruct.DMA_BufferSize = 8;             //DMA 缓存大小
```

```
19.          DMA_Init(DMA2_Channel5,&DMA_InitStruct);
20.
21.          DMA_ClearITPendingBit(DMA_IT_TC);
22.          DMA_ITConfig(DMA2_Channel5, DMA_IT_TC, ENABLE); //开启 DMA2 通道 5 中断
23.
24.      DMA_Cmd(DMA2_Channel5, ENABLE);
25.      }
```

函数开始定义了一个类型为 DMA_InitTypeDef 的结构体变量 DMA_InitStruct,用于 DMA 的初始化, 此结构体的成员定义如表 15-4 所示。

表 15-4 结构体 DMA_InitTypeDef 的成员及其作用与取值

结构体成员的名称	结构体成员的作用	结构体成员的取值	描述
DMA_PeripheralBaseAddr	DMA 外设基地址	32 位地址	DMA 外设基地址
DMA_MemoryBaseAddr	DMA 存储器基地址	32 位地址	DMA 存储器基地址
DMA_DIR	数据传输的方向	DMA_DIR_PeripheralDST	外设作为数据传输目的地
		DMA_DIR_PeripheralSRC	外设作为数据传输来源
DMA_BufferSize	DMA 缓存的大小	最大 65535	传输的数据量
DMA_PeripheralInc	外设地址递增与否	DMA_PeripheralInc_Enable	外设地址递增
		DMA_PeripheralInc_Disable	外设地址不变
DMA_MemoryInc	存储器地址递增与否	DMA_MemoryInc_Enable	存储器地址递增
		DMA_MemoryInc_Disable	存储器地址不变
DMA_PeripheralDataSize	外设数据宽度	DMA_PeripheralDataSize_Byte	数据宽度 8 位
		DMA_PeripheralDataSize_HalfWord	数据宽度 16 位
		DMA_PeripheralDataSize_Word	数据宽度 32 位
DMA_MemoryDataSize	存储器数据宽度	DMA_MemoryDataSize_Byte	数据宽度 8 位
		DMA_MemoryDataSize_HalfWord	数据宽度 16 位
		DMA_MemoryDataSize_Word	数据宽度 32 位
DMA_Mode	DMA 的工作模式	DMA_Mode_Circular	循环缓存模式
		DMA_Mode_Normal	正常缓存模式
DMA_Priority	设定 DMA 通道的软件优先级	DMA_Priority_VeryHigh	DMA 通道拥有非常高优先级
		DMA_Priority_High	DMA 通道拥有高优先级
		DMA_Priority_Medium	DMA 通道拥有中优先级
		DMA_Priority_Low	DMA 通道拥有低优先级
DMA_M2M	使能 DMA 通道的存储器到存储器传输	DMA_M2M_Enable	设置为存储器到存储器传输
		DMA_M2M_Disable	设置为非存储器到存储器传输

代码第 5 行调用标准外设库函数 RCC_AHBPeriphClockCmd(RCC_AHBPeriph_DMA2, ENABLE)使能了 DMA2 的时钟。

代码第 7 行调用标准外设库函数 DMA_DeInit(DMA2_Channel5)默认初始化 DMA2 的通道 5，根据表 15-2 的描述，该通道与 ADC3 连接。

代码第 8~18 行对结构体变量 DMA_InitStruct 的成员进行赋值。

代码第 8 行设定 DMA 外设基地址为 ADC3 的规则通道转换结果寄存器。

代码第 9 行设定外设数据宽度为 16 位，因为 STM32 微控制器的 ADC 转换结果为 12 位。

代码第 10 行设定存储器基地址为数组 ADC_AngValue，这里需要注意的是，C 语言中的数组名实际上就是这个数组的首地址或者数组指针。

代码第 11 行设定 DMA 的方向为从外设向存储器传输数据。

代码第 12 行禁止了从存储器到存储器的传输模式。

代码第 13 行与第 9 行对应，将存储器的数据宽度也设为 16 位。

由于数据传输的目的地为存储器中的数组，所以代码第 14 行设定在完成一次数据传输后将存储器地址加 1 或者后移。

由于数据传输的源头是 AD 转换结果寄存器，所以代码第 15 行设定在完成一次数据传输后外设地址保持不变。

代码第 16 行设定 DMA 的传输模式为循环缓存模式，也就是完成一轮 DMA 数据传输后会紧接着开始下一轮数据传输，这也是最常用的一种 DMA 传输模式。

由于在同一个 DMA 中存在多个通道，如果多个通道同时产生传输请求，有必要根据需要设定优先级别，代码第 17 行将通道 1 设为高优先级。

代码第 18 行将 DMA 缓存设为 8，也就是说，完成一轮 DMA 需要传输 8 次数据。注意这里的 8 要与存储器中数组 ADC_AngValue 的成员数量对应，数组成员数量应大于或等于 DMA 缓存值。

代码第 19 行调用标准外设库函数 DMA_Init()完成对 DMA2 通道 5 的参数初始化。

代码第 21 行调用标准外设库函数清除 DMA 传输完成中断标志，并在代码第 22 行开启了 DMA2 通道 5 的 DMA 传输完成中断，这样在完成一轮 DMA 数据传输后会触发 DMA 传输完成中断服务函数，以便对传输完成后的数据进行处理。

DMA1 的初始化配置与 DMA2 类似，这里不再赘述。

本项目主函数的结构相对于实训项目 7 变化不大，只是将帆板角度和芯片温度数据的读取放到了 DMA1 和 DMA2 传输完成中断服务函数中。下面分析 DMA 传输完成中断服务函数，其代码如下。

DMA 传输完成中断服务函数代码

```
1.      void DMA1_Channel1_IRQHandler(void)
2.      {
3.          if(DMA_GetITStatus(DMA1_IT_TC1)==1)
4.          {
5.              DMA_ClearITPendingBit(DMA1_IT_TC1);
6.
```

```
7.                    temperature= Mid_Value_Filter(ADC_TempValue);
8.
9.                    DMA_ClearFlag(DMA1_FLAG_TC1);
10.          }
11.      }
12.
13.    void DMA2_Channel4_5_IRQHandler(void)
14.    {
15.         if(DMA_GetITStatus(DMA2_IT_TC5)==1)
16.         {
17.              DMA_ClearITPendingBit(DMA2_IT_TC5);
18.
19.              angle= Mid_Value_Filter(ADC_AngValue);
20.
21.              DMA_ClearFlag(DMA2_FLAG_TC5);
22.         }
23.    }
```

DMA1 通道 1 的中断服务函数 DMA1_Channel1_IRQHandler()完成芯片温度值的中值滤波，DMA2 通道 4 和通道 5 共用一个中断服务函数 DMA2_Channel4_5_IRQHandler()，完成帆板偏转角度值的中值滤波。

在进入 DMA 中断服务函数后，首先要调用标准外设库函数 DMA_GetITStatus()，确认是否为 DMA 传输完成触发了中断，然后调用函数 DMA_ClearITPendingBit()清除中断标志，并在退出中断前调用函数 DMA_ClearFlag()清除 DMA 传输完成标志。

将项目代码编译下载运行，功能与实训项目 7 完全一致。对比实训项目 7 的主函数，可以明显看出在使用 DMA 进行 AD 转换结果数据传输后，函数结构变得更加简洁清晰。

15.3 拓展项目——存储器到存储器（M2M）数据传输

15.3.1 项目内容

要求在 DMA 控制器学习的基础上，实现如下功能。

（1）在程序中定义一个字符数组 src_buf[]，其内容为"Source"。

（2）在程序中定义另一个字符数组 dst_buf[]，其内容为"Destin"。

（3）开启 DMA 的 M2M 传输模式，将字符数组 src_buf 的内容传输到字符数组 dst_buf 中，并将内容显示在 LCD 屏幕上。如果传输正确，显示内容应该为"Source"。

15.3.2 项目提示

DMA 中存储器到存储器（M2M）数据传输的参数设置相对比较特殊，其主要参数设置可以参考表 15-5。

表 15-5　M2M 模式下的参数设置

DMA 初始化结构体成员	M2M 模式下的取值
DMA_InitStruct.DMA_PeripheralBaseAddr	src_buf
DMA_InitStruct.DMA_PeripheralDataSize	DMA_PeripheralDataSize_Byte
DMA_InitStruct.DMA_MemoryBaseAddr	dst_buf
DMA_InitStruct.DMA_DIR	DMA_DIR_PeripheralSRC
DMA_InitStruct.DMA_M2M	DMA_M2M_Enable
DMA_InitStruct.DMA_MemoryDataSize	DMA_MemoryDataSize_Byte
DMA_InitStruct.DMA_MemoryInc	DMA_MemoryInc_Enable
DMA_InitStruct.DMA_PeripheralInc	DMA_PeripheralInc_Enable
DMA_InitStruct.DMA_Mode	DMA_Mode_Normal
DMA_InitStruct.DMA_BufferSize	6

这里需要特别注意，在 M2M 方式，DMA 只能工作在正常缓存模式（Normal）下，不能进行循环传输。

Chapter

16

第 16 章

实训项目 9——串行通信控制风扇转速并获取帆板角度

本项目是利用计算机的串口与 STM32 目标板通信,实现对风扇转速的 PWM 控制,并将帆板在不同风扇转速下偏转的角度发送回计算机。项目要达成的学习目标包括以下几点:

1. 了解异步串行通信的基本原理
2. 了解 STM32 异步串行通信的编程方法

16.1 相关知识

16.1.1 异步串行通信

异步串行通信是指通信双方在没有同步时钟信号的前提下,将一个字符(包括特定的附加位)按位进行传输的通信方式。

如图 16-1(a)所示,具有双向通信能力的全双工异步串行通信包括信号发送(TX)、信号接收(RX)和公用地三根信号线,发送方的 TX 需要连接到接收方的 RX,也就是图中的交叉连接。当增加通信距离时,需要对通信信号进行电平转换,常用的是 RS232 电平。

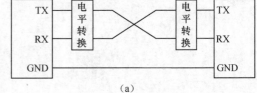

图 16-1(b)所示是一个异步通信数据帧。通信线路上没有数据传送时处于逻辑"1",也就是高电平状态。当发送设备需要发送一个字符数据时,首先发出一个逻辑"0"信号,这个逻辑低电

(b)

图16-1 异步串行通信示意图

平就是起始位。起始位通过通信线路传向接收设备,当接收设备检测到这个逻辑低电平后,就开始准备接收数据信号。因此,起始位的作用就是表示字符传送开始。

当接收设备收到起始位后,紧接着就会收到数据位。数据位的个数可以是 5、6、7 或 8 位的数据。在字符数据传送过程中,数据位从最低位开始传输。数据传送完之后,可以发送奇偶校

验位，但是奇偶校验的检错能力太弱，目前在实际应用中已很少采用。

在奇偶校验位之后发送的是停止位，停止位是一个字符数据的结束标志，可以是 1 位、1.5 位或 2 位，停止位为逻辑"1"，也就是高电平状态。

16.1.2　STM32 的通用同步/异步收发器（USART）

STM32 微控制器的 USART 可以与使用工业标准的异步串行外部设备实现全双工数据通信，USART 利用分数波特率发生器可以提供很宽范围的比特率。除了异步串行通信外，USART 还支持同步单向通信和半双工单向通信，也支持局部互联网（Local Interconnect Network，LIN）总线、智能卡协议、IrDA（红外数据组织）的 SIR ENDEC 规范和调制解调器操作。

STM32 微控制器 USART 的原理框图如图 16-2 所示，可以看到，USART 主要分为波特率发生器、发送/接收控制逻辑与中断控制、发送/接收寄存器三个部分。

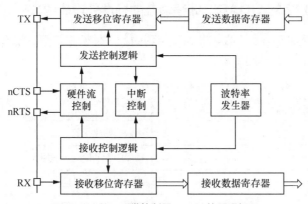

图16-2　STM32微控制器USART的原理框图

图 16-2 中的 nCTS（清除发送）和 nRTS（请求发送）是硬件流控制信号。目前，硬件流控制主要应用于调制解调器的数据通信中，对于普通串口来说，只有在通信速率较高时为了防止数据丢失才会用到，这里仅做简单介绍。

硬件流控制的"流"指的是数据流。数据在两个串口之间高速传输时，由于双方处理速度的不同，有可能会出现数据丢失的现象。例如，PC 与单片机之间的通信，如果接收端数据缓冲区已满，则此时继续发送来的数据就会丢失。

流控制能够有效解决数据丢失问题，当接收端数据处理不过来时，就发出"不再接收"的信号，发送端就停止发送，直到收到"可以继续发送"的信号再发送数据。因此流控制可以控制数据传输的进程，防止数据的丢失。

用 RTS/CTS 实现硬件流控制时，应将通信设备两端的 RTS、CTS 线对应相连，数据发送端使用 RTS 来标明接收端有没有准备好接收数据，而数据接收端则根据数据接收缓冲区的占用情况，使用 CTS 启动和暂停来自发送端的数据流。

例如，可以在编程时根据接收端缓冲区的大小，设置一个高位标志（缓冲区大小的 75%）和一个低位标志（缓冲区大小的 25%），当缓冲区内数据量达到高位时，在接收端将 CTS 线置为低电平（逻辑 0），当发送端的程序检测到 CTS 线为低电平后，就停止发送数据，直到接收端缓冲区的数据量低于低位再将 CTS 线置为高电平。

STM32 微控制器的 USART 功能十分强大，但是对日常编程而言，使用最多的仍然是异步串行通信。对于异步通信而言，STM32 的 USART 具有以下特点。

（1）全双工异步通信。

（2）分数比特率发生器，最高波特率达 4.5Mbit/s。

（3）可编程的数据字长度（8 位或 9 位）。

（4）可编程的停止位（1 个或 2 个）。

（5）智能卡模拟功能。

（6）使用 DMA 方式进行通信控制。

（7）单独的发送器和接收器使能。

（8）接收缓冲器满、发送缓冲器空、传输结束等标志。

（9）丰富的中断控制。

16.1.3　STM32 的 USART 编程涉及的标准外设库函数

表 16-1 中是本项目涉及的 USART 编程用到的标准外设库函数，现在只需要简单了解函数的作用，在代码分析时再做详细讲解。

表 16-1　本项目操作 USART 涉及的标准外设库函数

函数名称	函数作用
USART_Init()	串口初始化函数
USART_ITConfig()	串口中断的使能与禁用
USART_Cmd()	串口的使能与禁用
USART_SendData()	串口发送单个数据
USART_ReceiveData()	串口接收数据
USART_GetFlagStatus()	得到串口的标志位状态
USART_GetITStatus()	得到串口的中断状态
USART_ClearITPendingBit()	清除中断悬挂标志位

16.2　项目实施

16.2.1　硬件电路设计

STM 目标板上的串口具有 TTL 电平、RS232 电平、USB 转串口三种接口方式，考虑到目前大部分计算机只配备有 USB 接口，本项目选择 USB 转串口方式与计算机连接。

STM32 目标板上 USB 转串口采用的是 CH340 转换芯片，在连接计算机时可能需要下载相应驱动，建议使用电脑管家之类的软件进行自动扫描下载，也可以使用本书配套电子资源中的驱动程序。

如图 16-3 所示，与 CH340 转换电路连接的是 STM32F103ZE 微控制器的 USART1，其中，信号发送端 USART1_TX 与 PA9 端口复用，信号接收端 USART1_RX 与 PA10 端口复用。

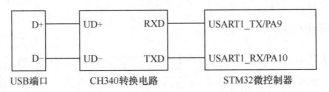

图16-3　目标板上USB转串口连接方式

16.2.2　程序设计思路

本项目主要的软件流程如图 16-4 所示，首先完成 LCD 初始化和外设初始化，外设初始化的重点是对串口 USART1 的初始化配置，串口数据接收采用中断方式，串口数据发送采用查询方式。

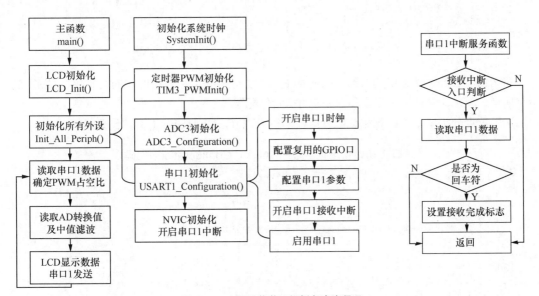

图16-4　串行通信获取帆板角度流程图

在 main()函数的主循环中完成串口数据接收的处理、根据串口接收的数据指令设置 PWM 输出信号的占空比、读取帆板角度的 A/D 转换值并对结果进行中值滤波、PWM 占空比及帆板偏转角度等数据的显示，以及通过串口发送数据到计算机等操作。

16.2.3　串行通信协议

对于串行通信的编程而言，通信协议是指导编程的核心内容。本项目 STM32 目标板与计算机串口调试助手之间的串行通信协议如下。

（1）数据全部采用 ASCII 字符格式。

（2）PWM 占空比控制：通过计算机串口调试助手向 STM32 目标板发送字符串"PS**"（PWM 占空比设定值**%），该字符串以回车/换行符作为结束。

（3）STM32 目标板数据上传：目标板定时向计算机串口调试助手发送字符串"**"（角度当前值**度），该字符串以回车/换行符作为结束。

16.2.4 程序代码分析

本项目是在实训项目 6 "风扇转速的 PWM 控制"和实训项目 7 "帆板角度与芯片温度检测"
的基础上整合了串行通信的内容,通过串行通信来进行 PWM 控制和帆板角度获取。

首先看一下初始化所有外设函数 Init_All_Periph(),它的代码如下。

初始化所有外设函数 Init_All_Periph()代码

```
1.    void Init_All_Periph(void)
2.    {
3.         SystemInit();
4.
5.         TIM3_PWMInit();
6.         ADC3_Configuration();
7.         USART1_Configuration();
8.         NVIC_Configuration();
9.    }
```

初始化所有外设函数中的大部分内容都很熟悉,分别完成了系统时钟的初始化、TIM3 的初
始化配置、ADC3 的初始化配置和 NVIC 的初始化配置等。

这里重点分析串口 1 的初始化配置函数 USART1_Configuration(),其代码如下。

串口 1 初始化配置函数 USART1_Configuration()代码

```
1.    void USART1_Configuration(void)
2.    {
3.         GPIO_InitTypeDef GPIO_InitStructure;
4.         USART_InitTypeDef USART_InitStructure;
5.
6.         //使能外设时钟
7.         RCC_APB2PeriphClockCmd(RCC_APB2Periph_GPIOA | RCC_APB2Periph_
AFIO, ENABLE );
8.         RCC_APB2PeriphClockCmd(RCC_APB2Periph_USART1, ENABLE );
9.
10.        //配置串口 1 发送端复用的 PA9
11.        GPIO_InitStructure.GPIO_Pin = GPIO_Pin_9;
12.        GPIO_InitStructure.GPIO_Mode = GPIO_Mode_AF_PP;
13.        GPIO_InitStructure.GPIO_Speed = GPIO_Speed_2MHz;
14.        GPIO_Init(GPIOA, &GPIO_InitStructure);
15.
16.        //配置串口 1 接收端复用的 PA10
17.        GPIO_InitStructure.GPIO_Pin = GPIO_Pin_10;
18.        GPIO_InitStructure.GPIO_Mode = GPIO_Mode_IN_FLOATING;
19.        GPIO_Init(GPIOA, &GPIO_InitStructure);
20.
21.        //串口参数配置
```

```
22.          USART_InitStructure.USART_BaudRate =115200;
23.          USART_InitStructure.USART_WordLength = USART_WordLength_8b;
24.          USART_InitStructure.USART_StopBits = USART_StopBits_1;
25.          USART_InitStructure.USART_Parity = USART_Parity_No;
26.          USART_InitStructure.USART_HardwareFlowControl = USART_Hardware
FlowControl_None;
27.          USART_InitStructure.USART_Mode = USART_Mode_Rx | USART_Mode_Tx;
28.          USART_Init(USART1, &USART_InitStructure);
29.
30.          USART_ClearITPendingBit(USART1, USART_IT_RXNE);
31.          USART_ITConfig(USART1, USART_IT_RXNE, ENABLE);
32.
33.          //使能串口 1
34.          USART_Cmd(USART1, ENABLE);
35.     }
```

在 USART1 初始化配置函数中，主要完成三个任务：①对 USART1 发送端和接收端复用的 GPIO 端口进行配置，②对 USART1 的参数进行配置，③由于本项目对 USART1 的数据发送采用查询方式，对 USART1 的数据接收采用中断方式，所以还需要对 USART1 相应的数据接收中断进行配置。

代码第 7 行和第 8 行分别使能了本项目需要用到的外设 GPIOA、复用控制 AFIO、USART1 的时钟。

代码第 3 行定义了一个用于 GPIO 初始化的类型为 GPIO_InitTypeDef 的结构体变量 GPIO_InitStructure。

代码第 10～20 行通过此结构体变量将与 USART1 数据发送端复用的 PA9 设置为复用的推挽输出模式（GPIO_Mode_AF_PP）、与 USART1 数据接收端复用的 PA10 设置成浮空输入模式（GPIO_Mode_IN_FLOATING）。

代码第 4 行定义了一个类型为 USART_InitTypeDef 的结构体变量 USART_InitStructure，用于 USART 参数初始化配置，此结构体有 6 个成员与异步通信相关，如表 16-2 所示。

表 16-2　USART 参数初始化结构体 USART_InitTypeDef 的成员

结构体成员名称	结构体成员作用	结构体成员取值	描述
USART_BaudRate	串口通信波特率	建议取典型值	每秒传输位数
USART_WordLength	数据字长度	USART_WordLength_8b	数据字长 8 位
		USART_WordLength_9b	数据字长 9 位
USART_StopBits	帧尾停止位长度	USART_StopBits_0.5	0.5 个停止位
		USART_StopBits_1	1 个停止位
		USART_StopBits_1.5	1.5 个停止位
		USART_StopBits_2	2 个停止位
USART_Parity	奇偶校验模式	USART_Parity_No	不校验
		USART_Parity_Even	偶校验
		USART_Parity_Odd	奇校验

续表

结构体成员名称	结构体成员作用	结构体成员取值	描述
USART_Hardware_FlowControl	硬件流控制模式	USART_HardwareFlowControl_None	不进行硬件流控制
		USART_HardwareFlowControl_RTS	RTS 使能
		USART_HardwareFlowControl_CTS	CTS 使能
		USART_HardwareFlowControl_RTS_CTS	RTS、CTS 均使能
USART_Mode	发送和接收模式的使能控制	USART_Mode_Tx	发送模式
		USART_Mode_Rx	接收模式

根据表 16-2 描述的结构体成员作用与取值范围,函数第 22~27 行确定了本项目中 USART1 的参数设置,其中,通信波特率为 115200bit/s、数据字长为 8 位、停止位为 1 位、不进行奇偶校验、不进行硬件流控制、串口工作在既发送又接收的全双工模式下。

代码第 28 行调用串口初始化函数 USART_Init(),完成对 USART1 的基本参数设置。

在本项目中,由于 USART1 的数据接收采用中断方式进行控制,代码第 30 行还要清除 USART1 的接收寄存器非空悬挂标志 USART_IT_RXNE,并在第 31 行使能 USART1 数据接收中断。之所以在使能数据接收中断前先清除相关中断的标志,主要是为了防止使能中断后的误触发。

在完成 USART1 的基础参数设置以及使能数据接收中断的相关操作后,第 34 行调用标准外设库函数 USART_Cmd() 使能 USART,令其开始正常工作。

本项目串口数据接收采用中断方式,USART1 中断服务函数代码如下。

串口 1 中断服务函数代码

```
1.      void USART1_IRQHandler(void)
2.      {
3.          if (USART_GetITStatus(USART1, USART_IT_RXNE) != RESET)
4.          {
5.              rx_buf[rx_index]=USART_ReceiveData(USART1);
6.
7.              if(rx_buf[rx_index]==0x0a)
8.              {
9.                  rx_buf[rx_index+1]=0;
10.                 rx_index=0;
11.                 flag_rxdone=1;
12.             }
13.             else
14.             {
15.                 rx_index++;
16.                 if(rx_index>5)
17.                 {
18.                     rx_index=0;
19.                 }
20.             }
```

```
21.
22.                    USART_ClearITPendingBit(USART1, USART_IT_RXNE);
23.            }
24.        }
```

由于 USART1 中断服务函数被多个串口中断共用，在代码第 3 行首先调用标准外设库函数
USART_GetITStatus()查询 USART1 的接收寄存器非空标志，以确定当前响应的 USART1 中断是
否为数据接收中断。

代码第 5 行调用标准外设库函数 USART_ReceiveData()读取 USART1 接收到的数据。

根据通信协议，计算机发送过来的数据是以回车/换行符结束的 ASCII 码字符串，所以在代
码第 7 行判断当前接收到的数据是否为换行符，如果是换行符，则表示已经接收到一个完整的
ASCII 码字符串。在代码第 11 行将字符串接收完成标志 flag_rxdone 置为 1，以便在主循环中对
接收到的字符串指令进行处理。

函数第 13～20 行是对特殊情况下数据接收错误的超长处理。

在结束 USART1 中断服务函数前，代码第 22 行清除 USART1 的接收中断标志。

现在再来分析一下本项目的主函数代码。

主函数 main()代码

```
1.     int main(void)
2.     {
3.         char buf[25];
4.         u16 i,pwm=5000;
5.         u16 static count=0;
6.
7.         LCD_Init();                          //LCD 彩屏初始化
8.         LCD_ClearScreen(WHITE);              //清屏
9.
10.        Init_All_Periph();
11.
12.        GUI_Chinese(10,20,"当前脉冲宽度",BLUE,WHITE);
13.        GUI_Chinese(10,40,"当前占空比",BLUE,WHITE);
14.
15.        GUI_Chinese(10,100,"当前角度原始值",BLUE,WHITE);
16.        GUI_Chinese(10,120,"当前角度",BLUE,WHITE);
17.
18.        while(1)
19.        {
20.            if(flag_rxdone==1)
21.            {
22.                flag_rxdone=0;
23.
24.                if(strstr(rx_buf,"PS")!=0)
25.                {
26.                    if((rx_buf[2]>=0x30)&(rx_buf[2]<=0x39)
```

```
27.                              &(rx_buf[3]>=0x30)&(rx_buf[3]<=0x39))
28.                          {
29.                              pwm=((rx_buf[2]-0x30)*10+(rx_buf[3]-0x30))*
356;//360
30.                              TIM_SetCompare1(TIM3, pwm);
31.                              TIM_SetCompare2(TIM3, pwm);
32.                          }
33.                     }
34.              }
35.
36.          for(i=0;i<8;i++)                              //连续采样8次
37.          {
38.                  while(ADC_GetFlagStatus(ADC3,ADC_FLAG_EOC)!=1);
                                          //AD转换是否完成
39.                  ADC_ClearFlag(ADC3,ADC_FLAG_EOC);     //清除转换完成标志
40.                  ADC_AngValue[i]=ADC_GetConversionValue(ADC3);
                                          //读取转换值
41.          }
42.          angle=Mid_Value_Filter(ADC_AngValue);
43.
44.          count++;
45.          if((count&0x1FFF)==0)
46.          {
47.                  sprintf(buf,"%-5d", angle);
48.                  GUI_Text(125,100,(u8 *)buf,RED,WHITE);
49.                  sprintf(buf,"%-3.0f", (float)angle*0.10976-209.0928);
50.                  GUI_Text(125,120,(u8 *)buf,RED,WHITE);
51.                  USART1_Sendchar(buf);
52.
53.                  sprintf(buf,"%-5d", pwm);
54.                  GUI_Text(125,20,(u8 *)buf,RED,WHITE);
55.                  sprintf(buf,"%-5.2f%%", (float)pwm/356);//360
56.                  GUI_Text(125,40,(u8 *)buf,RED,WHITE);
57.          }
58.      }
59.  }
```

完成外设和 LCD 初始化的相关操作后，函数进入主循环，首先在代码第 20 行判断字符串接收完成标志 flag_rxdone 是否为 1，如果为 1，则对 USART1 接收到的字符串指令进行解析。

代码第 24 行调用 C 语言字符库中的函数 strstr()，判断字符串指令中是否包含"PS"这两个字符，如果包含，则认为指令正确。根据通信协议，"PS"字符后的两个字符代表要设置的占空比（百分比形式）。

代码第 26~29 行将 ASCII 字符形式的占空比转换为实际值，并在函数第 30~31 行调用标准外设库函数 TIM_SetCompare1()和 TIM_SetCompare2()，设定 PWM 通道 1 和通道 2 的比较

值以确定两个通道 PWM 信号的占空比。

代码第 36~42 行读取帆板偏转角度传感器的电压值并进行中值滤波。

代码第 47~56 行完成 PWM 数据和帆板偏转角度数据的显示，并且在代码第 51 行调用标准外设库函数 USART1_Sendchar()，将帆板角度值通过 USART1 发送给计算机。

函数 USART1_Sendchar() 的作用是根据通信协议发送 ASCII 码字符串，其代码如下：

串口 1 发送 ASCII 码字符串函数 USART1_Sendchar() 代码

```
1.       void USART1_Sendchar(char* value)
2.       {
3.           while(*value!='\0')
4.           {
5.               while(USART_GetFlagStatus(USART1,USART_FLAG_TXE) == RESET);
6.               USART_SendData(USART1, *value);
7.               value++;
8.           }
9.           while(USART_GetFlagStatus(USART1,USART_FLAG_TXE) == RESET);
10.          USART_SendData(USART1, 0x0d);
11.          while(USART_GetFlagStatus(USART1,USART_FLAG_TXE) == RESET);
12.          USART_SendData(USART1, 0x0a);
13.      }
```

代码第 3~8 行发送一个完整的 ASCII 码字符串，由于字符串结尾符为 '\0'，代码第 3 行通过检测字符 '\0' 来判断字符串是否已发送完毕。

相对于 STM32 微控制器内程序代码的高速运行，串口数据发送是一个非常缓慢的过程。为了避免丢失数据，必须在当前数据发送完毕后才能发送下一个数据。所以，在代码第 6 行调用标准外设库函数 USART_SendData() 发送数据前，需要先在第 5 行调用函数 USART_GetFlagStatus() 判断当前数据是否发送完毕，如果未发送完毕则需要等待。

根据通信协议，在发送完帆板角度字符串后，需要在代码第 9~12 行发送回车/换行符作为结尾。

16.2.5　使用串口调试助手进行操作

使用 USB 线连接好计算机与目标板并通电后，首先进入计算机的设备管理器中查询 CH340 占据的串口号，然后打开计算机上的工具软件"串口调试助手"对串口通信进行调试。此工具软件可以从网上下载或者在本书配套的电子资源中获取。

"串口调试助手"的操作界面如图 16-5 所示。在"串口号"栏选择正确的串口号，单击"打开串口"按钮（变为"关闭窗口"按钮），选择"DTR"选项，然后取消，目标板复位完成。开始选择串口通信的参数，这里的参数需要与程序代码中目标板的串口通信参数一致，其中，波特率选择 115200、数据位选择 8 位、停止位选择 1 位，并勾选"发送新行"。

在界面下方的字符串输入框中输入"PS45"（表示 PWM 占空比为 45%），单击"发送"按钮。

如果 STM32 目标板接收正确，LCD 屏幕上会显示当前占空比为 45%，风扇转速也会随之改变并引发帆板角度发生变化。在"串口调试助手"上方的数据接收窗口，将定时显示接收到的帆板角度值。

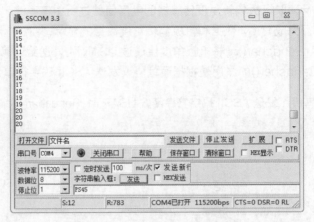

图16-5 "串口调试助手"的操作界面

如果需要改变 PWM 占空比，在界面下方的字符串输入框输入"PS"+占空比数值，然后单击"发送"按钮即可。

16.3 拓展项目——串口采用 DMA 方式发送字符

16.3.1 项目要求

要求在串口 USART 学习的基础上，实现如下功能。

（1）在程序中定义一个字符数组 src_buf[]，其内容为"Source"。

（2）开通 USART1 的 DMA 通道。

（3）开启 DMA 的存储器到外设传输模式（M2P），将字符数组 src_buf[]的内容传输到串口 USART1 发送寄存器，如果传输正确，计算机串口调试助手将接收到"Source"字符串。

16.3.2 项目提示

拓展项目要求将串口 USART1 发送寄存器与 DMA 通道连接，具体连接关系可以参考表 16-1 和表 16-2。其中，字符数组 src_buf[]作为数据源，串口 USART 发送寄存器作为数据目的地，其主要参数设置可以参考表 16-3。

表 16-3 存储器至外设模式下的 DMA 参数设置

DMA 初始化结构体成员	M2M 模式下的取值
DMA_InitStruct.DMA_PeripheralBaseAddr	(u32)&USART1->DR
DMA_InitStruct.DMA_PeripheralDataSize	DMA_PeripheralDataSize_Byte
DMA_InitStruct.DMA_MemoryBaseAddr	src_buf
DMA_InitStruct.DMA_DIR	DMA_DIR_PeripheralDST
DMA_InitStruct.DMA_M2M	DMA_M2M_Disable
DMA_InitStruct.DMA_MemoryDataSize	DMA_MemoryDataSize_Byte

续表

DMA 初始化结构体成员	M2M 模式下的取值
DMA_InitStruct.DMA_MemoryInc	DMA_MemoryInc_Enable
DMA_InitStruct.DMA_PeripheralInc	DMA_PeripheralInc_ Disable
DMA_InitStruct.DMA_Mode	DMA_Mode_Normal
DMA_InitStruct.DMA_BufferSize	6

　　需要特别注意的是，当 DMA 被设置成正常缓存模式（Normal）时，如果需要触发向串口 1 发送（USART1_TX）的 DMA 数据传输，可运行以下关键代码触发 DMA 传输：

正常缓存模式下软件触发 DMA 传输的关键代码

```
DMA_Cmd(DMA1_Channel4, DISABLE);
DMA_SetCurrDataCounter(DMA1_Channel4,8);
DMA_Cmd(DMA1_Channel4, ENABLE);
```

　　这里的 DMA1 通道 4 连接的是串口 1 的数据发送寄存器，当需要软件触发一次 DMA 传输时，首先要禁止该通道并设定 DMA 传输数据数目，然后使能该通道即可。

第 17 章
实训项目 10——Wi-Fi 控制风扇转速并
获取帆板角度

 学习目标

本项目利用安卓手机端的"网络调试助手"App 通过 Wi-Fi 与 STM32 目标板通信,从而实现对风扇转速的 PWM 控制,并将帆板在不同风扇转速下偏转的角度发送回安卓手机端。项目要达成的学习目标包括以下几点:

1. 了解 TCP/IP 协议与 Wi-Fi 通信的基本概念
2. 了解 Wi-Fi 模块 ESP8266 的使用方法
3. 使用 ESP8266 模块进行数据传输

17.1 相关知识

17.1.1 ISO/OSI 参考模型与 TCP/IP 协议

虽然互联网已经成为我们日常生活的一部分,但是计算机网络的出现要比互联网早得多。计算机网络诞生之初,系统化与标准化并未受到重视,网络设备的厂商和标准各异,造成了用户使用计算机网络的障碍。

为了规范网络应用,国际标准化组织(ISO)于 1979 年发布了开放式系统互联(OSI)参考模型,ISO/OSI 模型定义了网络互连的七层框架(物理层、数据链路层、网络层、传输层、会话层、表示层、应用层),每一层实现各自的功能和协议,并完成与相邻层的接口通信。

分层的好处是利用层次结构可以把开放式系统的信息交换问题分解到一系列容易控制和实现的软件/硬件模块——层中。不同的产品可以只实现某一层的特定功能,并不需要知道上一层或者下一层是如何实现的,层与层之间的数据交换通过层间的标准化接口实现。

ISO/OSI 参考模型并不是一个具体的标准,而是一个分层的功能描述。为了把全世界所有不同类型的计算机都连接起来,必须规定一套全世界通用的协议。互联网协议簇 TCP/IP 就是这样的通用协议。互联网协议簇包含了上百种协议,其中最重要的两个协议是 TCP 和 IP,所以,也把互联网协议簇简称为 TCP/IP 协议。

TCP/IP 协议基本遵循了 ISO/OSI 参考模型,按照 TCP/IP 协议的功能,划分为网络接口层、网络层、

传输层、应用层四层。TCP/IP 协议四层结构与 ISO/OSI 参考模型七层结构的对应关系如图 17-1 所示。

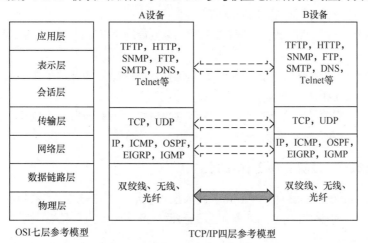

图17-1　OSI参考模型分层与TCP/IP协议分层的对应关系

　　按照图 17-1 的描述，本项目要实现的安卓手机与 STM32 目标板之间的数据通信属于应用层的范畴，而通信需要使用的 Wi-Fi 模块则实现了 TCP/IP 四层结构中网络接口层、网络层、传输层的功能。

　　程序设计时只需要依据传输层的 TCP，利用 Wi-Fi 模块建立设备之间的 TCP 连接，然后就可以直接按照应用层与传输层之间的接口传递数据，并不需要知道传输层以下（即 Wi-Fi 模块）的实现方法和技术细节。对于编程者而言，就像两台设备在应用层或者传输层直接进行数据交换，这无疑会给程序设计带来极大的便利。

17.1.2　TCP/IP 相关知识点

　　本项目主要使用 STM32 微控制器对 Wi-Fi 模块进行参数设置和数据传输，其间会涉及一些重要的 TCP/IP 知识点，以下做个简单介绍。

　　（1）MAC 地址与 IP 地址

　　MAC 地址是网络设备的物理地址或者 ID，具有唯一性。原则上所有网络设备的 MAC 地址都是不一样的，就像身份证号码。

　　但是常识告诉我们，两个人之间仅凭着身份证号码是很难进行联络的，双方通信的时候，还必须知道对方的邮政地址，对于网络设备而言就是 IP 地址。

　　目前广泛使用的 IP 地址（IPv4）实际上是一个 32 位整数，以字符串形式表示的 IP 地址如"192.168.0.1"，实际上是把 32 位整数按 8 位分组后的数字表示形式，目的是便于阅读。

　　（2）端口（Port）

　　在两台网络设备通信时，只有 IP 地址是不够的，因为同一台设备上可能运行着多个网络应用程序（进程）。一个 TCP 报文来了之后，到底交给哪个应用程序处理，就需要使用端口号来区分。每个网络应用程序都会申请唯一的端口号，所以端口也被称为程序地址。两个应用程序在两台设备之间建立网络连接，就需要各自的 IP 地址和各自的端口号。一个应用程序可能同时与多个计算机建立连接，因此它可能会申请多个端口号。

　　（3）TCP

　　TCP/IP 中两个具有代表性的传输层协议，分别是 TCP 和 UDP。

TCP 是面向连接的通信协议，通过三次握手建立连接，通信完成时要拆除连接，由于 TCP 是面向连接的，所以只能用于端到端的通信。

TCP 提供的是一种可靠的数据流服务，采用"带重传的肯定确认"技术来实现传输的可靠性。

（4）UDP

UDP 是面向无连接的通信协议，UDP 数据包括目的端口号和源端口号信息，由于通信不需要连接，所以可以实现广播发送。

UDP 通信时不需要接收方确认，属于不可靠的传输，可能会出现丢包现象，实际应用中要求程序员根据自己的需要进行重发处理。

17.1.3 Wi-Fi 及其三种工作模式

无线保真（Wireless Fidelity，Wi-Fi）技术是一个基于 IEEE802.11 系列标准的无线网络通信技术，目的是改善基于 IEEE802.11 标准的无线网络产品之间的互通性，由 Wi-Fi 联盟（Wi-Fi Alliance）所持有。

简单来说，Wi-Fi 是一种无线联网的技术，将传统的互联网有线连接变成了通过无线电波来进行连接。Wi-Fi 占用了 2.4GHz 和 5GHz 的民用频段，与同样占据 2.4GHz 频段的蓝牙通信技术相比，Wi-Fi 覆盖范围较广、传输速度较快，是目前最主流的无线联网通信技术之一。

Wi-Fi 支持 STA、AP、STA+AP 三种工作模式，下面分别进行介绍。

（1）AP 模式

AP 模式也称为接入点（Access Point）模式或者热点模式，无线热点作为一个主设备，通过管理其他工作于 STA 模式的设备，组成一个完整的无线网络。

热点形成的网络，由热点设备的物理地址（MAC 地址）唯一识别。热点创建后产生一个可以被其他站点设备识别的名称，称为 SSID。

（2）STA 模式

STA 模式也称站点（Station）模式，此时设备是一个无线网络的终端。任何一种无线网卡都可以运行在此模式下，这种模式也称为默认模式。

在此模式下，设备发送连接与认证消息给热点，热点接收到消息完成认证后，发回成功认证消息，此设备即可接入无线网络。

（3）STA+AP 混合模式

STA+AP 混合模式是以上两种模式的共存模式，STA 模式可以使设备通过路由器连接到互联网，并通过互联网控制设备；AP 模式可以使设备成为 Wi-Fi 热点，其他站点设备则通过 Wi-Fi 连接到热点设备，这样实现了局域网和广域网的无缝切换，方便操作。

17.1.4 Wi-Fi 模块 ESP8266

作为一种无线网络通信技术，Wi-Fi 在物理层、数据链路层和网络层都需要遵循以 TCP/IP 协议栈为主的众多协议，单靠一颗微控制器实现这些协议是要付出很大运算和存储资源代价的。对于微控制器的 Wi-Fi 联网设计而言，最简单的方法是使用 Wi-Fi 串口模块，将模块作为连接微控制器和 Wi-Fi 网络的桥梁，通过简单的串口通信实现微控制器与 Wi-Fi 网络的连接，乐鑫（ESPRESSIF）科技的 ESP8266 模块正是这样一个解决方案。

图 17-2 所示为 ESP8266 模块内部原理框图，模块采用 32 位 CPU 进行控制，内置 TCP/IP

协议栈，Wi-Fi 端工作在 2.4GHz 频段，支持 WPA/WPA2 安全模式，支持 STA、AP、STA+AP 三种工作模式，串口端采用 AT 指令进行控制。

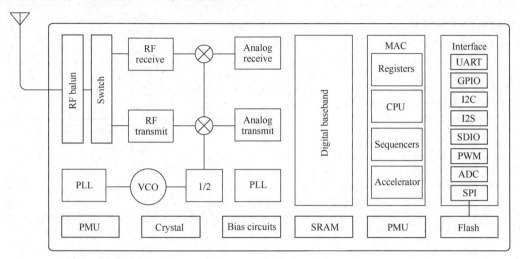

图17-2　ESP8266模块内部框图

程序设计人员只需要通过微控制器的串口向 ESP8266 模块发送 AT 指令，就可以实现 Wi-Fi 通信，从而大大降低了微控制器接入 Wi-Fi 网络的复杂程度。

17.1.5　ESP8266 模块的控制指令

ESP8266 模块的控制指令众多，都是通过串口发送 ASCII 码字符串形式的 AT 指令来实现，主要分为测试类、查看类、基本设置类、模式与传输类。表 17-1 中仅列出本项目要用到的部分指令。

表 17-1　本项目用到的 ESP8266 模块部分 AT 指令

指令与说明	参数说明	回复
设置 Wi-Fi 应用模式指令 AT+CWMODE=\<mode>	\<mode>1: STA 模式 2: AP 模式（本项目选用） 3: AP+STA 模式	原始指令 空行 OK
重启模块指令 AT+RST	无	原始指令 空行 OK 模块信息，很长
设置 AP 模式下的参数指令 AT+CWSAP \<ssid>,\<pwd>,\<ch>,\<ecn>	指令只有在 AP 模式开启后才有效 \<ssid>字符串参数，接入点名称 \<pwd>字符串参数,密码最长为64字节 ASCII 码 \<ch>通道号 \<ecn> 0: 开放无加密 1: WEP 加密 2: WPA_PSK 加密 3: WPA2_PSK 加密 4: WPA_WPA2_PSK 加密	原始指令 空行 OK

续表

指令与说明	参数说明	回复
单路连接/多路连接设置指令 AT+CIPMUX=\<mode>	\<mode> 0：单路连接模式 1：多路连接模式（本项目选用）	原始指令 空行 OK
配置服务器指令 AT+CIPSERVER=\<mode>,\<port>	\<mode>0：关闭 server 模式 1：开启 server 模式 \<port>端口号	原始指令 空行 OK
发送数据指令 AT+CIPSEND= \<id>,\<length>	\<id>用于传输连接的 ID 号 \<length>发送数据的长度，最大为 2048	如果正常连接，回复： 原始指令 空行 OK > 此后应该发送指定长度数据 如果无连接，回复： link is not valid 空行 ERROR

17.2 项目实施

17.2.1 硬件电路设计

本项目主要控制对象是 Wi-Fi 模块 ESP8266，其引脚与 STM32 引脚的连接关系如表 17-2 所示。

表 17-2 ESP8266 模块引脚与 STM32 引脚连接关系

序号	ESP8266 模块端		STM32 微控制器端	
	引脚名称	引脚功能	引脚名称	复用功能
1	VCC	电源 3.3V		
2	URXD	串口数据接收	PA2，复用推挽输出	串口 2 数据发送
3	IO16	硬件复位，低电平有效	PE6，推挽输出	
4	IO0	Wi-Fi 状态指示	PG6，输入浮空	
5	CH_PD	高电平模块工作 低电平模块断电	PG7，推挽输出	
6	IO2	开机上电时必须为高电平 内部默认已拉高	PG8，浮空输入，高阻	
7	UTXD	串口数据发送	PA3，浮空输入	串口 2 数据接收
8	GND	电源地		

17.2.2　程序设计思路

本项目主要的软件流程如图 17-3 所示，首先完成 LCD 初始化，以及包括串口 USART2 在内的外设初始化，然后通过 USART2 发送 AT 指令完成对 ESP8266 模块的初始化配置。

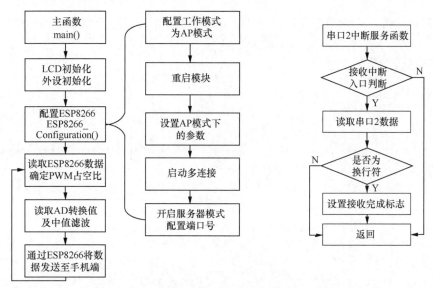

图17-3　Wi-Fi控制风扇转速并获取帆板角度的软件流程图

在 main()函数的主循环中，通过 AT 指令读取 ESP8266 模块接收到的数据，并以此确定 PWM 输出信号占空比、读取 A/D 转换值并对结果进行中值滤波、在 LCD 上显示 PWM 占空比及帆板偏转角度等数据、通过 ESP8266 模块将帆板偏转角度数据发送到手机端。

17.2.3　程序代码分析

本项目是在实训项目 9 "串行通信控制风扇转速并获取帆板角度"的基础上整合了利用 ESP8266 模块进行 Wi-Fi 通信的内容。

首先看一下初始化所有外设函数 Init_All_Periph()，它的代码如下。

初始化所有外设函数 Init_All_Periph()代码

```
1.      void Init_All_Periph(void)
2.      {
3.          SystemInit();
4.
5.          TIM3_PWMInit();
6.          ADC3_Configuration();
7.          USART2_Configuration();
8.          ESP8266_GPIO_Configuration();
9.          NVIC_Configuration();
10.     }
```

初始化所有外设函数中的大部分内容都很熟悉，分别完成了系统时钟的初始化、TIM3 的初始化配置、ADC3 的初始化配置和 NVIC 的初始化配置等。

由于 ESP8266 模块使用了 STM32 微控制器的 USART2，也需要对 USART2 进行初始化配置。USART2 复用的 GPIO 端口也在 USART2 的初始化函数 USART2_Configuration()中进行配置。代码如下。

STM32 与 ESP8266 通信的 USART2 初始化函数 USART2_Configuration()代码

```
1.    void USART2_Configuration(void)
2.    {
3.        GPIO_InitTypeDef GPIO_InitStructure;
4.        USART_InitTypeDef USART_InitStructure;
5.
6.        //使能外设时钟
7.        RCC_APB2PeriphClockCmd(RCC_APB2Periph_GPIOA | RCC_APB2Periph_A
FIO, ENABLE );
8.        RCC_APB1PeriphClockCmd(RCC_APB1Periph_USART2, ENABLE );
9.
10.       //配置串口 2 发送端复用的 PA2
11.       GPIO_InitStructure.GPIO_Pin = GPIO_Pin_2;
12.       GPIO_InitStructure.GPIO_Mode = GPIO_Mode_AF_PP;
13.       GPIO_InitStructure.GPIO_Speed = GPIO_Speed_2MHz;
14.       GPIO_Init(GPIOA, &GPIO_InitStructure);
15.
16.       //配置串口 2 接收端复用的 PA3
17.       GPIO_InitStructure.GPIO_Pin = GPIO_Pin_3;
18.       GPIO_InitStructure.GPIO_Mode = GPIO_Mode_IN_FLOATING;
19.       GPIO_Init(GPIOA, &GPIO_InitStructure);
20.
21.       //串口 2 参数配置
22.       USART_InitStructure.USART_BaudRate =115200;
23.       USART_InitStructure.USART_WordLength = USART_WordLength_8b;
24.       USART_InitStructure.USART_StopBits = USART_StopBits_1;
25.       USART_InitStructure.USART_Parity = USART_Parity_No;
26.       USART_InitStructure.USART_HardwareFlowControl = USART_Hardware
FlowControl_None;
27.       USART_InitStructure.USART_Mode = USART_Mode_Rx | USART_Mode_Tx;
28.       USART_Init(USART2, &USART_InitStructure);
29.
30.       USART_ClearITPendingBit(USART2, USART_IT_RXNE);
31.       USART_ITConfig(USART2, USART_IT_RXNE, ENABLE);
32.
33.       //使能串口 2
34.       USART_Cmd(USART2, ENABLE);
35.   }
```

此函数中的参数配置在前面的项目中已经做过介绍，这里需要说明的是，USART2 的参数是按照 ESP8266 模块串行通信的默认值进行配置的。

除了 USART2，ESP8266 模块的其他信号端还占用了其他一些 GPIO 端口，这部分 GPIO 端口的初始化函数 ESP8266_GPIO_Configuration()代码如下。

ESP8266 占用 GPIO 端口初始化函数代码

```
1.      void ESP8266_GPIO_Configuration(void)
2.      {
3.          GPIO_InitTypeDef GPIO_InitStructure;
4.
5.          //使能外设时钟
6.          RCC_APB2PeriphClockCmd(RCC_APB2Periph_GPIOG | RCC_APB2Periph_G
PIOE, ENABLE );
7.
8.          //配置模块硬件复位端
9.          GPIO_InitStructure.GPIO_Pin = GPIO_Pin_6;
10.         GPIO_InitStructure.GPIO_Mode = GPIO_Mode_Out_PP;
11.         GPIO_InitStructure.GPIO_Speed = GPIO_Speed_2MHz;
12.         GPIO_Init(GPIOE, &GPIO_InitStructure);
13.         GPIO_SetBits(GPIOE, GPIO_Pin_6);
14.
15.         //配置模块供电控制端
16.         GPIO_InitStructure.GPIO_Pin = GPIO_Pin_7;
17.         GPIO_InitStructure.GPIO_Mode = GPIO_Mode_Out_PP;
18.         GPIO_InitStructure.GPIO_Speed = GPIO_Speed_2MHz;
19.         GPIO_Init(GPIOG, &GPIO_InitStructure);
20.         GPIO_SetBits(GPIOG, GPIO_Pin_7);
21.
22.         //配置
23.         GPIO_InitStructure.GPIO_Pin = GPIO_Pin_6 | GPIO_Pin_8;
24.         GPIO_InitStructure.GPIO_Mode = GPIO_Mode_IN_FLOATING;
25.         GPIO_Init(GPIOG, &GPIO_InitStructure);
26.     }
```

此函数中关于 GPIO 的工作模式完全按照表 17-2 中 ESP8266 模块的引脚功能进行配置，在使能了 GPIOE 和 GPIOG 的时钟后，首先将与模块硬件复位端连接的 PE6 配置为推挽输出模式，并将其输出状态设置为高电平。

然后，将与模块供电控制端连接的 PG7 配置为推挽输出模式，按照模块管理要求，将其输出状态设置为高电平。

最后，将与 Wi-Fi 状态指示端连接的 PG6 以及模块内部已上拉的 PG8 配置为输入浮空的高阻状态。

在调用初始化所有外设函数 Init_All_Periph()完成相关 GPIO 和 USART2 的初始化配置后，就可以调用函数 ESP8266_Configuration()对 ESP8266 模块进行配置了。代码如下。

ESP8266 初始化配置函数 ESP8266_Configuration()代码

```
1.    char* at_cwmode="AT+CWMODE=2";
2.    char* at_rst="AT+RST";
3.    char* at_cwsap="AT+CWSAP=\"WiFi1234\",\"12345678\",1,4";
4.    char* at_cipmux="AT+CIPMUX=1";
5.    char* at_cipserver="AT+CIPSERVER=1,8086";
6.    char* at_cipsend="AT+CIPSEND=0,7";
7.
8.    u16 ESP8266_Configuration(void)
9.    {
10.       ESP8266_Sendchar(at_cwmode);
11.       if(ESP8266_Recall("OK", 3)==1)
12..      return 2;                          //无回复返回 2
13.
14.       ESP8266_Sendchar(at_rst);
15.       if(ESP8266_Recall("OK", 3)==1)
16.           return 3;                       //无回复返回 3
17.
18.       Delay_ms(2000);                     //复位后的延时，很重要
19.
20.       ESP8266_Sendchar(at_cwsap);
21.       if(ESP8266_Recall("OK", 3)==1)
22.           return 4;                       //无回复返回 4
23.
24.       ESP8266_Sendchar(at_cipmux);
25.       if(ESP8266_Recall("OK", 3)==1)
26.           return 5;                       //无回复返回 5
27.
28.       ESP8266_Sendchar(at_cipserver);
29.       if(ESP8266_Recall("OK", 3)==1)
30.           return 6;                       //无回复返回 6
31.
32.       return 0;
33.    }
```

代码中调用的 ESP8266_Sendchar()函数，实际上是 STM32 微控制器通过 USART2 向 ESP8266 模块发送 ASCII 码字符串的函数，代码第 10 行首先发送 "AT+CWMODE=2" 指令，将 ESP8266 模块设置为 "AP 热点" 模式。

代码第 14 行发送 "AT+RST" 指令，复位 ESP8266 模块，注意第 18 行的延时函数，在模块复位后需要有足够的等待时间来完成模块重启操作。

代码第 20 行发送 "AT+CWSAP="WiFi1234","12345678",1,4" 指令，设置热点的 ID 为 WiFi1234，密码为 12345678，通道号为 1，加密方式为 WPA_WPA2_PSK。

代码第 24 行发送 "AT+CIPMUX=1" 指令，开启多连接。

代码第 28 行发送 "AT+CIPSERVER=1,8086" 指令，开启 server 模式，端口号为 8086。

　　这里要注意的是，STM32 微控制器的 USART2 在每发出一串 AT 指令后，都需要调用回调函数 ESP8266_Recall()，检测模块的响应情况。代码如下。

ESP8266 模块回调函数 ESP8266_Recall()代码

```
1.      u16 ESP8266_Recall(char* command, u16 n)
2.      {
3.          u16 i;
4.
5.          for(i=0;i<n;i++)
6.          {
7.              while(flag_rxdone==0);                //等待字符接收
8.              flag_rxdone=0;
9.
10.             if(strstr(rx_buf,command)!=0)
11.                 return 0;                         //若回调字符串正确则返回 0
12.         }
13.         return 1;
14.     }
```

　　函数的参数"command"为要检测的模块回复字符串，参数"n"为该字符串位于模块回复信息的第几行。参见表 16-1，可以看到每个指令发出后，正常情况下模块都会回复"OK"，并且回复一般都是 3 行或以上，回调函数以此为依据判断模块是否准确收到指令并执行。

　　代码第 5 行开始的 for 循环是检测每次收到模块回复的字符串中是否包含字符串"OK"，参数"n"设定为几行就循环几次。

　　代码第 7 行中的接收完成标志 flag_rxdone 是在 USART2 接收中断服务函数中设置的，中断服务函数每收到一个完整的字符串（以回车/换行符结尾），则将此标志置 1。这里通过判断此标志来决定是否进行后续处理工作。如果标志 flag_rxdone 为 1，则在代码第 8 行中将此标志清零，以便 USART2 中断服务函数能接收新的字符串。

　　代码第 10 行中的函数 strstr()是 C 语言字符串处理库中的函数，用以搜索在某个字符串中是否包含特定的字符串（不含结尾字符'\0'），此处用来检测每次收到的回复字符串中是否包含字符串"OK"，以判断模块是否收到并执行了 USART2 发出的 AT 指令。

　　这里需要注意的是，为了使用字符库中的函数，需要在代码开始处加入宏指令：

```
#include <string.h>
```

　　下面分析 USART2 中断服务函数 USART2_IRQHandler()的代码，它的主要功能是接收 ESP8266 模块返回的数据，数据以多行字符串的形式呈现，具体可以参考表 17-1。

USART2 接收中断服务函数代码

```
1.      void USART2_IRQHandler(void)
2.      {
3.          if (USART_GetITStatus(USART2, USART_IT_RXNE) != RESET)
4.          {
5.              rx_buf[rx_index]=USART_ReceiveData(USART2);
6.
```

```
7.              if(rx_buf[rx_index]==0x0a)
8.              {
9.                  rx_buf[rx_index+1]=0;
10.                 rx_index=0;
11.                 flag_rxdone=1;
12.             }
13.             else
14.             {
15.                 rx_index++;
16.                 if(rx_index>499)
17.                 {
18.                     rx_buf[499]=0;
19.                     flag_rxdone=1;
20.                 }
21.             }
22.
23.             USART_ClearITPendingBit(USART2, USART_IT_RXNE);
24.         }
25.     }
```

由于 USART2 中断函数服务于多个 USART2 中断源，并不仅限于数据接收中断，所以在代码第 3 行的函数入口处，首先判断中断源是否是接收中断，并在第 23 行的函数结束处清除了接收中断标志。

代码第 7 行的作用是在每接收到一个字符后就判断是否为换行符 0x0A，由于回车符 0x0D 和换行符 0x0A 总是一起出现在模块回复字符串的结尾，此操作的目的就是判断模块的回复字符串是否已经结束，如果结束，就将接收完成标志 flag_rxdone 置 1，否则继续接收。

由于模块收到复位指令后回复的内容较多，函数中还设有超长处理机制，如果回复字符串长度超过 500（即 499+1），则强行将接收完成标志 flag_rxdone 置 1。

最后，我们来分析主函数代码。

主函数 main()的代码

```
1.  int main(void)
2.  {
3.      char buf[35];
4.      char ac_tx[5]={"AC45"};
5.      u16 width[3]={5000,15000,33000};
6.      u16 i,pwm=width[0];
7.      u16 static count=0;
8.
9.      LCD_Init();                          //LCD 彩屏初始化
10.     LCD_ClearScreen(WHITE);              //清屏
11.
12.     Init_All_Periph();
13.
```

```
14.            Delay_ms(200);
15.
16.            if(ESP8266_Configuration()==0)
17.                    GUI_Chinese(10,0,"网络配置成功",BLUE,WHITE);
18.            else
19.                    GUI_Chinese(10,0,"网络配置失败",BLUE,WHITE);
20.
21.            GUI_Chinese(10,20,"当前脉冲宽度",BLUE,WHITE);
22.            GUI_Chinese(10,40,"当前占空比",BLUE,WHITE);
23.
24.            GUI_Chinese(10,100,"当前角度原始值",BLUE,WHITE);
25.            GUI_Chinese(10,120,"当前角度",BLUE,WHITE);
26.
27.            while(1)
28.            {
29.                    if(flag_rxdone==1)
30.                    {
31.                            flag_rxdone=0;
32.
33.                            if(strstr(rx_buf,"PS")!=0)
34.                            {
35.                                    if((rx_buf[2]>=0x30)&(rx_buf[2]<=0x39)
36.                                    &(rx_buf[3]>=0x30)&(rx_buf[3]<=0x39))
37.                                    {
38.                                            pwm=((rx_buf[2]-0x30)*10+(rx_buf[3]-0x30))*
356;//360
39.                                            TIM_SetCompare1(TIM3, pwm);
40.                                            TIM_SetCompare2(TIM3, pwm);
41.                                    }
42.                            }
43.                    }
44.
45.                    for(i=0;i<8;i++)                              //连续采样 8 次
46.                    {
47.                            while(ADC_GetFlagStatus(ADC3,ADC_FLAG_EOC)!=1);
                                                    //AD 转换是否完成
48.                            ADC_ClearFlag(ADC3,ADC_FLAG_EOC); //清除转换完成标志
49.                            ADC_AngValue[i]=ADC_GetConversionValue(ADC3);
                                                    //读取转换值
50.                    }
51.                    angle=Mid_Value_Filter(ADC_AngValue);
52.
53.                    count++;
54.
```

```
55.          //显示实际角度值与 PWM 设定值
56.          if((count&0x1FFF)==0)
57.          {
58.                  sprintf(buf,"%-5d", angle);
59.                  GUI_Text(125,100,(u8 *)buf,RED,WHITE);
60.
61.                  sprintf(buf,"%-3.0f", (float)angle*0.10976-209.0928);
62.                  GUI_Text(125,120,(u8 *)buf,RED,WHITE);
63.
64.                  ac_tx[2]=buf[0];
65.                  ac_tx[3]=buf[1];
66.
67.                  sprintf(buf,"%-5d", pwm);
68.                  GUI_Text(125,20,(u8 *)buf,RED,WHITE);
69.
70.                  sprintf(buf,"%-5.2f%%", (float)pwm/360);
71.                  GUI_Text(125,40,(u8 *)buf,RED,WHITE);
72.          }
73.
74.          //向手机端发送角度与 PWM 值
75.          if((count&0x1FFF)==0)
76.          {
77.                  do
78.                  {
79.                          ESP8266_Sendchar("AT+CIPSEND=0,6");
80.                  }
81.                  while(ESP8266_Recall("OK",3));
82.
83.                  do
84.                  {
85.                          ESP8266_Sendchar(ac_tx);
86.                  }
87.                  while(ESP8266_Recall("OK",3));
88.
89.                  do
90.                  {
91.                          ESP8266_Sendchar("AT+CIPSEND=0,6");
92.                  }
93.                  while(ESP8266_Recall("OK",3));
94.
95.                  do
96.                  {
97.                          ESP8266_Sendchar("PC45");
98.                  }
```

```
99.                    while(ESP8266_Recall("OK",3));
100.               }
101.          }
102.     }
```

在完成了 LCD 初始化和外设初始化后，代码第 16 行对 ESP8266 模块进行初始化，注意这里是对初始化函数 ESP8266_Configuration() 的返回值进行判断。只有返回值为 0 才代表初始化完成，在 LCD 屏幕上显示"网络配置成功"，并进入主循环开始上传数据；否则，在 LCD 屏幕上显示"网络配置失败"。如果连接失败，应该复位 STM32 目标板重新运行程序，或者进入调试状态观察模块初始化函数的返回值，以确定连接失败的原因。

进入主循环后，代码第 29～43 行是对手机端"网络调试助手"经由 Wi-Fi 模块发来的数据进行判断，依照通信协议的规定，如果格式正确，则在第 39 行和第 40 行调用标准外设库函数 TIM_SetCompare1() 设定新的 PWM 值。

代码第 45～51 行实现对帆板角度数据的采集并进行中值滤波。

代码第 56～72 行在 STM32 目标板 LCD 上显示角度值和 PWM 设定值。

代码第 75～100 行通过 ESP8266 模块向手机端"网络调试助手"App 发送当前的帆板角度值和 PWM 值。

 注意

这里发送数据采用的是"do while"语句，当调用函数 ESP8266_Sendchar() 向 ESP8266 模块发送指令后，会调用回调函数 ESP8266_Recall() 判断模块是否正确执行了该指令。如果函数 ESP8266_Recall() 返回值为 1，代表模块并未正确接收或者执行该指令，会重新调用函数 ESP8266_Sendchar() 向 ESP8266 模块发送指令，直到函数 ESP8266_Recall() 返回值为 0。很明显，这种操作能够大大提高模块执行指令的准确率，但若模块产生故障没有正确执行指令，程序将会停留在此处。在后续项目中，我们将探讨解决这一问题的方法。

17.2.4　使用手机端"网络调试助手"App 进行遥控操作

首先在安卓手机中安装"网络调试助手"App（从网络安装或者从本书电子资源中下载），我们使用此 App 通过 Wi-Fi 来控制帆板装置的风扇转速，并获取帆板角度信息，具体步骤如下。

（1）进入手机 Wi-Fi 设置界面，搜索"WiFi1234"网络，输入密码"12345678"后连接 Wi-Fi 网络。

（2）打开"网络调试助手"App，如图 17-4 所示，选择界面上方的"tcp client"栏。

（3）单击界面左上方的"增加"图标，弹出图 17-5 所示的"增加连接"对话框。

（4）使用默认参数，单击"增加"按钮，如果连接成功，则界面中会出现图 17-6 所示的"AC-**"和"PC**"字样并不断刷新。其中，"AC-"后面的数字代表当前帆板的角度，PC 后面的数字代表当前 PWM 的占空比。

（5）"网络调试助手"App 除了能够接收并显示 Wi-Fi 模块发出的角度与 PWM 占空比信息外，还能够发出 PWM 占空比设置命令，其 ASCII 码格式为"PS**"，PS 后为占空比数字。

图17-4 "网络调试助手"的
"tcp client"模式界面

图17-5 "网络调试助手"的
"增加连接"对话框

图17-6 "网络调试助手"的
数据接收界面

根据通信协议，该 PWM 占空比设置字符串要以回车/换行符作为结束，但是其发送栏在选择"TXT"字符发送时，并不支持回车/换行符输入。为此只能单击界面下侧左边第二个"TXT"按钮，按钮上显示将变为"BIN"，此时发送栏支持十六进制数据发送。

如果想将 PWM 占空比设为 45%，可以在发送栏输入"50 53 34 35 0D 0A"，即字符串"PS45"加上回车符和换行符。

在连接正常的情况下，单击发送栏右侧的"发送"按钮，STM32 目标板上 LCD 的"当前占空比"会显示为"45%"。

除了使用通用型的"网络调试助手"App，读者还可以使用本书配套电子资源中由作者指导学生设计的"帆板控制"App，能够更加方便直观地对帆板角度进行测量和控制。

Chapter

18

第 18 章
实训项目 11——基于 STM32 的物
联网云平台温度检测

 学习目标

本项目利用 STM32F103ZE 微控制器内置的温度传感器采集芯片内核温度，通过 Wi-Fi 模块 ESP8266 将温度数据上传到中国移动物联网云平台 OneNET，并可以在计算机或者手机端的浏览器上实时观看芯片内核温度值的变化。

项目要达成的学习目标包括以下几点：

1. 了解物联网云平台的基本概念
2. 在 OneNET 云平台上搭建设备与应用的基本方法
3. 使用 ESP8266 模块将温度数据上传至 OneNET 云平台的基本方法

18.1　相关知识

18.1.1　云服务及其分类

云是对以互联网为代表的通信网络的一种形象说法。云服务（Cloud Serving）是指通过网络以按需、易扩展的方式获得服务。这种服务可以与软件、互联网相关，也可以是其他服务，意味着计算能力也可以作为一种商品通过互联网进行流通。例如，云服务可以将企业所需的软件、资料都放到网络上，在任何时间、地点使用不同的设备连接网络，即可实现数据的存取、运算等操作。

根据提供服务内容的不同，云服务分为 IaaS、PaaS 和 SaaS 三种模式。IBM 的软件架构师阿尔伯特·巴伦（Albert Barron）曾经使用比萨来形象地解释这三种模式的区别。

假设有一个餐饮业者打算做比萨生意，他可以从头到尾自己生产比萨，所有东西都由自己准备，这叫作本地部署（On-Premises）。但是这样需要准备的东西太多，比较麻烦。因此，餐饮业者决定外包一部分工作，由供应商提供服务。根据服务内容的不同，可以有图 18-1 所示的三个方案。

方案 1：供应商提供厨房、煤气、烤箱等供餐饮业者使用的基础设施。这就是所谓的基础设施即服务（Infrastructure as a Service，IaaS）。

方案 2：供应商除了提供基础设施，还提供比萨面皮和比萨配料，餐饮业者要做的就是确定比萨的味道（海鲜比萨或者鸡肉比萨）以及烘烤比萨。这就是所谓的平台即服务（Platform as a

Service，PaaS)。

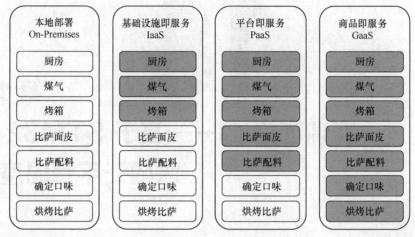

图18-1　比萨生意的三个方案

方案 3：供应商已经做好了比萨，餐饮业者拿到成品后要做的工作就是把它卖出去，最多再包装一下，印上餐饮业者自己的 Logo。这就是所谓的商品即服务(Goods as a Service，GaaS)。

与餐饮业者从事比萨生意的三种方案类似，云服务的三种模式如图 18-2 所示。

图18-2　云服务的三种模式

第一种模式是基础设施即服务(Infrastructure as a Service，IaaS)，提供的服务是对所有计算基础设施的利用，包括处理、存储、网络、服务器和其他基本的计算资源，用户能够部署和运行任意软件，包括操作系统和应用程序。现在很流行的云服务器就属于 IaaS。

第二种模式是平台即服务(Platform as a Service，PaaS)，提供的服务是把客户开发或收购的应用程序部署到供应商的云计算基础设施上去。客户不需要管理或控制底层的云基础设施(包括存储、网络、服务器、操作系统和中间件等)，但能够控制所部署的应用程序，也能够控制运行应用程序的托管环境配置。本项目使用的中国移动物联网云平台 OneNET 就属于 PaaS。

第三种模式是软件即服务(Software as a Service，SaaS)，和比萨生意的方案 3 类似，只不过将 Goods (商品)改成了 Software (软件)而已。SaaS 提供的服务是运营商运行在云计算基础设施上的应用程序，客户可以在各种设备上通过客户端（如浏览器）界面进行访问，也不需要管理或控制任何云计算基础设施（包括网络、服务器、操作系统、存储等）。我们经常使用的网盘或者云盘属于 SaaS。

18.1.2 物联网云平台

顾名思义，物联网（Internet of Things，IoT）就是物与物相连的互联网。物联网的核心和基础仍然是互联网，但与传统的互联网不同，物联网延伸和扩展到了在任何物品与物品之间进行通信和信息交换，也就是所谓的物物相息。

在互联网时代，计算机（传统互联网）或手机等移动终端（移动互联网）将每一个人连入互联网世界。而在物联网时代，每一个物体都能够实现联网，对整个物理世界的数据进行采集和传输，最终通过丰富的物联网应用实现智能化。

要实现物联网与互联网的融合，就离不开物联网的核心——物联网云平台，用户可以通过云平台实现对物联网设备的连接和管理。

图 18-3 所示是物联网的整体架构，主要包括四个层次：感知层、传输层、平台层、应用层。

图18-3 物联网云平台在物联网整体架构中的位置

位于平台层的物联网云平台是物联网网络架构和产业链条中的关键枢纽，向下可以通过传输层接入分布的物联网感知层，汇集感知到的数据；向上则是面向应用服务提供商，提供应用开发的基础性平台和面向底层网络的统一数据接口，支持具体的基于传感数据的物联网应用。

18.1.3 中国移动物联网云平台 OneNET

目前国内主流的云服务提供商阿里云、百度云、腾讯云等都推出了各自的物联网云平台，本项目选用的是中国移动物联网云平台 OneNET。

中国移动物联网云平台 OneNET 是中移物联网有限公司基于物联网技术和产业特点打造的开放平台和生态环境，适配各种网络环境和协议类型，支持各类传感器和智能硬件的快速接入和大数据服务，提供丰富的 API 和应用模板以支持各类行业应用和智能硬件的开发。OneNET 平台能够有效降低物联网应用开发和部署的成本，满足物联网设备连接、协议适配、数据存储、数据安全、大数据分析等平台级服务的需求。

OneNET 平台完善了协议的封装，简化了开发的流程，让用户专注于应用开发。OneNET 平台支持大部分物联网协议，包括公网协议 HTTP、MQTT、EDP 等，还提供私有协议支持，方便用户个人定制。

使用 OneNET 云平台需要清楚产品（Product）、设备（Device）、数据流（Stream）、应用（Application）之间的关系，如图 18-4 所示。

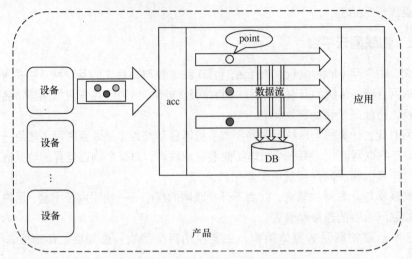

图18-4　OneNET云平台产品、设备、数据流与应用之间的关系

用户首先需要在 OneNET 云平台上创建产品，产品创建过程中需要特别记住两个信息，后面使用 API 的过程中要用到。一是产品 ID，OneNET 可以创建多个产品，一个产品也就是一个项目，产品 ID 具有唯一性；二是 API Key，相当于访问 OneNET 云平台的授权钥匙，有了这把钥匙才能访问自己的产品并进行开发。

然后在 OneNET 云平台产品中加入设备，每个产品下都可以有多个设备，但每个设备号（设备 ID）必须是唯一的。开发者可以把 OneNET 云平台中的设备看成是物联网终端设备在云平台上的镜像或者说虚拟存在。

终端实体设备需要通过 key-value 格式的数据流向 OneNET 云平台上传数据，其中，key 为数据流名称，value 为实际存储的数据点（point），可以为 int、float、string、JSON 等多种自定义格式。

在实际应用中，数据流可以用于描述设备的某一类属性数据，例如温度、湿度、坐标等信息。用户可以自定义数据流的数据范围，将相关性较高的数据归为一个数据流。

OneNET 平台默认以时间顺序存储数据流中的数据，用户可以查询数据流中不同时间的数据点的值。

数据流中的数据在存储的同时可以"流向"后续应用，数据流是平台后续数据服务（规则、触发器、消息队列等）的服务对象，后续数据服务支持用户通过选择数据流的方式选择服务的数据来源。

获取数据流中的数据后，就可以在 OneNET 云平台上开发应用，对数据加以展示与分析。在本项目中将使用 OneNET 云平台的图形控件，实现在桌面端或手机端的浏览器上以仪表盘形式显示目标板 STM32 芯片温度数据的实时变化。

18.1.4　数据传输过程

根据 OneNET 的相关技术文档，并结合在 STM32 微控制器上实现的复杂程度，我们确定了如图 18-5 所示的设备连接与数据传输方案。

首先，STM32 微控制器采用 Wi-Fi 方式接入互联网，登录到 OneNET 云平台后，采用 TCP 透传的方式进行通信；然后，使用 HTTP 超文本协议实现与云平台上设备 API 的接口，并使用 JSON 格式进行数据流的传输。

这里有几个名词需要简单介绍。

（1）TCP 透传

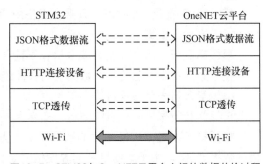

图18-5　STM32与OneNET云平台之间的数据传输过程

实训项目 10 中介绍过，TCP 协议是一种面向连接的可靠的数据通信服务，顾名思义，TCP 透传是利用 TCP 协议进行的透明传输。在透明传输模式下，传输的内容与通道无关，可以是数字或者字符串等任何内容。接收方收到内容后按照约定进行处理，相当于快递公司运输一个快递纸箱，纸箱当中可以放置任何物品，只有接收方才知道物品的用途和处理方式。

透明传输的这一特点，非常适合于网络 API 函数接口的数据传输。在本项目中通过 TCP 透传的就是 OneNET 平台设备 API 函数的接口参数。

（2）超文本传输协议（Hyper Text Transfer Protocol，HTTP）

HTTP 是用于从网络服务器传输超文本到本地浏览器的传送协议。目前最常使用的超文本标记语言（Hyper Text Markup Language，HTML）就是一种重要的超文本格式。

OneNET 云平台采用 HTTP 将信息和数据回传给终端设备。

（3）JSON 格式

JSON（JavaScript Object Notation）是一种轻量级的数据交换格式，它采用完全独立于编程语言的文本格式来存储和表示数据。简洁和清晰的层次结构使得 JSON 成为理想的数据交换语言，易于编程者阅读和编写，同时也易于机器解析和生成，并有效地提升网络传输效率，限于篇幅这里不展开介绍。

OneNET 平台设备 API 接口参数中的数据流（Data Streams）采用了 JSON 格式，在具体使用时，可以将数据填入 JSON 格式的数据流字符串模板。

下面介绍进入 TCP 透传模式后，一个典型的数据上传和返回的完整过程。

首先介绍用于 OneNET 云平台设备数据上传的数据流字符串模板。

TCP 透传模式的上传数据流字符串模板

```
1.    POST /devices/680869/datapoints HTTP/1.1
2.    api-key: bryNFvy6sbj9Isu5mHXp3fwIvtc=
3.    Host:api.heclouds.com
4.    Connection:close
5.    Content-Length:59
6.
7.    {"datastreams":[{"id":"temp","datapoints":[{"value":50}]}]}
```

在数据流字符串模板中，使用者只需要根据自己的需要替换模板中的相关内容，然后在 TCP 透传通道中发送，即可实现数据的上传。

模板第 1 行是动作请求，表示要向 ID 为"680869"的设备传送数据，OneNET 云平台的回传信息采用 HTTP1.1 格式。

模板第 2 行是 OneNET 云平台设备应用程序 API 接口的标识 api-key，具体内容可以在 OneNET 平台上查询。

模板第 3 行表示 API 所在的主机，不需要更改。

模板第 4 行表示上传一个数据流后关闭连接。

模板第 5 行表示数据流的字符长度。

模板第 6 行是模板规定的空行，实际上是回车/换行符。

模板第 7 行是 JSON 格式的数据流，这里需要用户修改的只有设备 ID "temp" 和 value 后面的数据 "50"。由于本项目中的温度值固定为两位数，所以整个 JSON 格式数据流的字符长度固定为 59。

如果 OneNET 云平台设备接收数据流正确，会通过 TCP 透传回复如下数据包。

TCP 透传模式下云平台接收正确时回复的数据包

```
1.    HTTP/1.1 200 OK
2.    Date: Wed, 13 Feb 2019 04:32:34 GMT
3.    Content-Type: application/json
4.    Content-Length: 26
5.    Connection: close
6.    Server: Apache-Coyote/1.1
7.    Pragma: no-cache
8.
9.    {"errno":4,"error":"isucc"}
```

回复数据包的内容与上传数据模板的内容对应，对用户而言，第 9 行的内容十分关键，本项目将以此来判断上传数据流是否被正确接收。

18.1.5 本项目使用的 ESP8266 模块控制指令

ESP8266 模块的控制指令众多，实训项目 10 中已经介绍过一部分。在本项目中，由于 Wi-Fi 模块的工作模式与实训项目 10 有所区别，还需要介绍一些新的指令和参数，如表 18-1 所示。

表 18-1　本项目使用的 ESP8266 模块控制指令

指令格式	参数说明	回复
设置 Wi-Fi 应用模式指令 AT+CWMODE=\<mode\>	\<mode\>1: STA 模式（本项目选用） 2: AP 模式 3: AP+STA 模式	原始指令 空行 OK
重启模块指令 AT+RST	无	原始指令 空行 OK 模块信息，很长

续表

指令格式	参数说明	回复
连接到接入点指令 AT+CWJAP=\<ssid\>,\<pwd\>	指令只有在 STA 模式开启后才有效 \<ssid\>字符串参数，接入点名称\<pwd\>字符串参数，密码最长为 64 字节 ASCII 码	原始指令 空行 OK
单路连接/多路连接设置指令 AT+CIPMUX=\<mode\>	\<mode\>0：单路连接模式（本项目选用） 1：多路连接模式	原始指令 空行 OK
配置 TCP/IP 应用模式指令 AT+CIPMODE=\<mode\>	\<mode\>0：非透明传输模式 1：透明传输模式（本项目选用）	原始指令 空行 OK
建立 TCP/UDP 连接指令 当配置为单路连接模式时： AT+CIPSTART= \<type\>,\<addr\>,\<port\> 当配置为多路连接模式时： AT+CIPSTART= \<id\>,\<type\>,\<addr\>,\<port\>	\<id\> 连接号 \<type\> TCP：TCP 连接类型（本项目选用） UDP：UDP 连接类型 \<addr\> 远程服务器 IP 地址 \<port\> 远程服务器端口	原始指令 空行 OK
发送数据指令 AT+CIPSEND	在配置为透明传输模式后，发送此命令进入透明传输 输入"+++"退出透明传输	如果正常连接，回复： 原始指令 空行 OK > 此后应该发送指定长度数据 如果无连接，回复： link is not valid 空行 ERROR

18.2 项目实施

本项目主要分成三部分实施。首先在 OneNET 平台上搭建产品、设备和相关应用；然后在 STM32 目标板上获取芯片温度，并按照云平台技术文档规定的数据流格式上传到 OneNET 云平台；最后在桌面端或手机端的浏览器上以图形仪表形式观察芯片温度的实时变化。

18.2.1　在 OneNET 云平台上搭建设备和应用

在计算机浏览器的地址栏中键入"http://open.iot.10086.cn"，进入 OneNET 平台，按照平台提示完成注册并登录。

如图 18-6 所示，登录成功后单击界面右上方的"开发者中心"，进入开发者中心的产品开发界面。

图18-6　OneNET云平台登录成功后界面

进入开发者中心后，系统默认显示"公开协议产品"。如图 18-7 所示，单击界面右上方的"添加产品"，进入产品信息编辑界面。

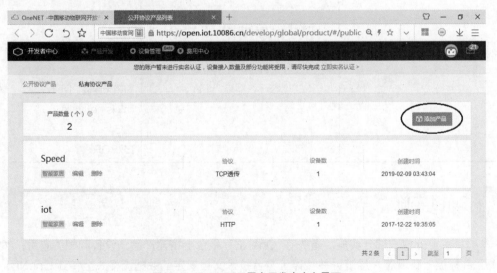

图18-7　OneNET云平台开发者中心界面

如图 18-8 所示，在界面右侧的产品信息和技术参数栏中填入内容，其中，产品名称为"temperature"、联网方式选择"wifi"、设备接入协议选择"TCP 透传"，其他内容根据具体情况填写，填写完毕后单击"确定"按钮，界面弹出"添加产品成功"对话框。

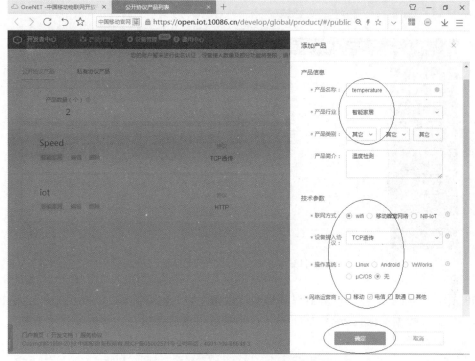

图18-8　OneNET添加产品信息编辑界面

如图 18-9 所示，单击"添加产品成功"对话框中的"立即添加设备"按钮。

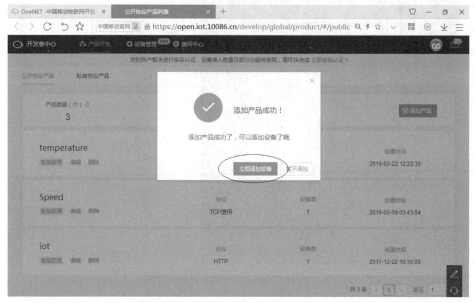

图18-9　OneNET产品添加成功界面

系统进入设备列表界面，如图 18-10 所示，单击右侧的"添加设备"按钮。

图18-10　OneNET设备列表界面

如图 18-11 所示，屏幕右侧出现"添加新设备"栏，设备名称为"temp_ic"、鉴权信息为"123456"、数据保密性选择"公开"，其他信息根据需要填写，然后单击下方的"添加"按钮。

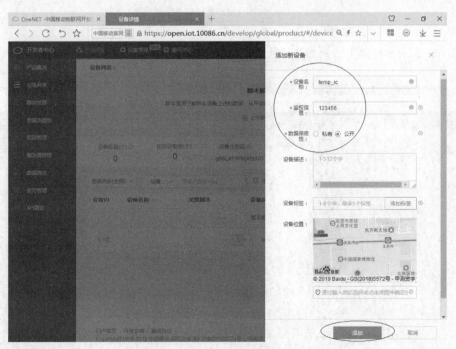

图18-11　OneNET添加新设备编辑界面

如图 18-12 所示，可以看到界面中出现了一个设备条目，记录界面左下侧的设备 ID（在编写 STM32 上传数据流程序时将会用到），单击右侧"操作"下方的"数据流"。

图18-12　OneNET设备列表界面

系统进入图 18-13 所示的数据流展示界面，单击右侧的"数据流模板管理"按钮。

图18-13　OneNET数据流展示界面

在如图 18-14 所示的数据流模板界面中，单击右侧的"添加数据流模板"按钮。

图18-14　OneNET数据流模板界面

　　如图 18-15 所示，在界面右侧的"添加数据流模板"栏中填入相关内容，其中，数据流名称为"temp_data"、单位名称为"摄氏度"、单位符号为"C"，然后单击下方的"添加"按钮。

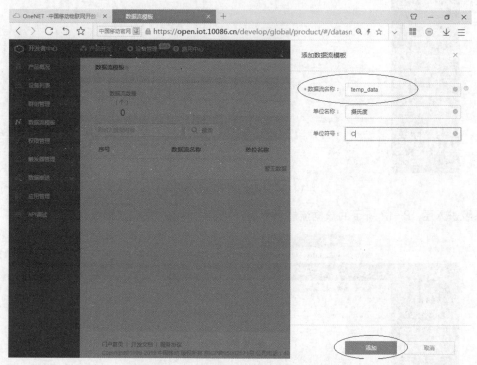

图18-15　OneNET添加数据流模板编辑界面

　　如图 18-16 所示，可以看到数据流模板中已经成功添加了一个数据流"temp_data"。

图18-16　OneNET数据流模板添加完成界面

　　单击左边栏的"应用管理"，进入图 18-17 所示的应用管理界面，系统默认显示"独立应用"，单击右侧的"添加应用"按钮。

图18-17 OneNET应用管理界面

图 18-18 所示界面右侧显示"新增应用"栏,应用名称为"温度计"、应用阅览权限选择"公开-不推广",选择合适的应用 LOGO,单击下方的"新增"按钮。

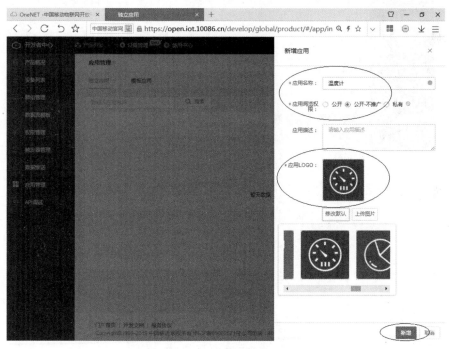

图18-18 OneNET新增应用编辑界面

回到图 18-19 所示的应用管理界面,可以看到已经有一个"温度计"应用了,单击图中的应用 LOGO。

如图 18-20 所示,系统进入应用详情界面,单击下方的"编辑应用"按钮。

在图 18-21 所示的应用编辑页面左侧的"组件库"中,可以选择合适的图形控件进行参数显示,这里选择"仪表"控件。然后在右侧的属性栏中设置该控件的参数,其中,关联的设备为"temp_ic"、数据流为"temp_data"、刷新速率为"3 秒"、表盘单位为"摄氏度"、最大值选择"60"、最小值选择"0",然后单击右上方的"保存"按钮。

图18-19　OneNET添加应用成功界面

图18-20　OneNET应用详情界面

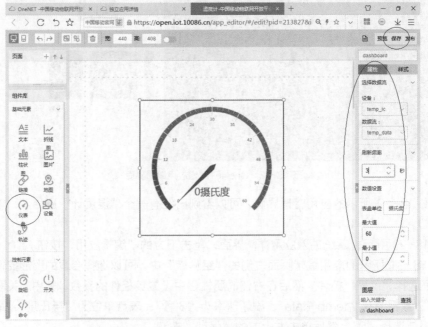

图18-21　OneNET应用编辑与绑定数据流界面

回到图 18-22 所示的应用详情界面，就完成了在 OneNET 云平台上搭建产品、设备以及应用，并实现了应用与数据流的绑定。

图18-22　OneNET应用详情界面（已完成）

最后，单击界面左边栏的权限管理，在图 18-23 所示界面中记录 APIKey 值。

图18-23　OneNET云平台权限管理界面

现在总结一下搭建过程中需要记录的一些关键参数，如表 18-2 所示。

表 18-2　云平台关键参数列表

产品名称	Temperature
产品 ID	213827
设备名称	temp_ic
设备 ID	517666688
APIKey	s4XI=B9KNr5cC5LX=RVtP4HRYAk=
数据流名称	temp_data
应用名称	温度计

其中，设备 ID（517666688）、APIKey（s4XI=B9KNr5cC5LX=RVtP4HRYAk=）、数据流名称（temp_data）将在随后的 STM32 目标板温度数据上传的编程中使用到。

18.2.2 程序设计思路

本项目主要的软件流程如图 18-24 所示，首先完成 LCD 初始化以及包括串口 USART2、基本定时器 TIM6、相关 GPIO 端口在内的外设初始化，然后对 ESP8266 模块进行初始化配置。

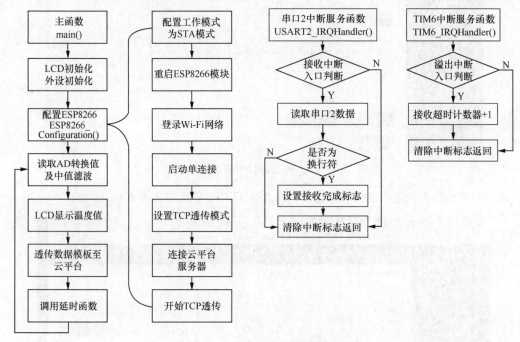

图18-24 云平台温度检测软件流程图

由于本项目中 ESP8266 模块的工作模式与实训项目 10 有所不同，所以配置的内容也不一样，其中最主要的工作就是开启了与云平台服务器之间的 TCP 透明传输，在主循环当中利用数据流模板将芯片温度数据上传至 OneNET 云平台。

程序中还开启了 USART2 发送中断和 TIM6 溢出中断，其中，USART2 中断服务函数实现了 ESP8266 模块回传字符串的接收，TIM6 中断服务函数则对接收超时计数器进行加计数，用以在 ESP8266 模块回传字符判断函数中实现超时控制。

18.2.3 程序代码分析

本小节重点分析 ESP8266 模块的初始化配置函数 ESP8266_Configuration() 的代码。

ESP8266 初始化配置函数 ESP8266_Configuration()代码

```
1.    //Wi-Fi 连接指令
2.    char* at_cwmode="AT+CWMODE=1";        //配置为 SAT 模式
3.    char* at_rst="AT+RST";                //模块复位
4.    char* at_cwjap="AT+CWJAP=\"szpt\",\"szpt2019\"""; //登录 Wi-Fi 网络
5.    //连接云平台并进入透传状态指令
```

```
6.      char* at_cipmux="AT+CIPMUX=0";        //单连接
7.      char* at_cipmode="AT+CIPMODE=1";//TCP 透传模式
8.      char* at_cipstart="AT+CIPSTART=\"TCP\",\"183.230.40.33\",80";
                                                //连接服务器
9.      char* at_cipsend="AT+CIPSEND";         //发送
10.    //ESP8266 初始化配置
11.    u16 ESP8266_Configuration(void)
12..   {
13.         ESP8266_Sendchar(at_cwmode);           //配置为 STA 模式
14.         if(ESP8266_Recall("OK", 3, 5)==1)
15.             return 2;                          //无回复返回 2
16.
17.         ESP8266_Sendchar(at_rst);              //重启模块
18.         if(ESP8266_Recall("OK", 3, 5)==1)
19.         return 3;                              //无回复返回 3
20.
21.         Delay_ms(2000);                        //复位后的延时, 很重要
22.
23.         ESP8266_Sendchar(at_cwjap);            //登录 Wi-Fi
24.         if(ESP8266_Recall("OK", 6, 50)==1)
25.             return 4;                          //无回复返回 4
26.
27.         ESP8266_Sendchar(at_cipmux);           //配置为单连接
28.         if(ESP8266_Recall("OK", 3, 5)==1)
29.             return 5;                          //无回复返回 5
30.
31.         ESP8266_Sendchar(at_cipmode);          //配置为 TCP 透传模式
32.         if(ESP8266_Recall("OK", 3, 5)==1)
33.             return 6;                          //无回复返回 6
34.
35.         ESP8266_Sendchar(at_cipstart);         //连接至云平台服务器
36.         if(ESP8266_Recall("OK", 4, 5)==1)
37.             return 7;                          //无回复返回 7
38.
39.         ESP8266_Sendchar(at_cipsend);          //启动 TCP 透传
40.         if(ESP8266_Recall("OK", 3, 5)==1)
41.             return 8;                          //无回复返回 6
42.
43.         return 0;
44.    }
```

代码第 1~9 行定义的是本项目中使用的 ESP8266 模块 AT 指令字符串, 注意字符串中出现

的双引号前需要加上反斜杠。

代码第 13 行首先发送指令"AT+CWMODE=1"，将 ESP8266 模块配置为 STA（站点）模式。

代码第 17 行发送指令"AT+RST"，复位 ESP8266 模块，注意第 21 行的延时函数，在模块复位后需要有足够的等待时间来完成模块重启操作。

代码第 23 行发送指令"AT+CWJAP=\"szpt\",\"szpt2019\""，登录模块所要接入的 Wi-Fi 网络，其中，"szpt"是所要接入的 Wi-Fi 网络的 ID，"szpt2019"是 Wi-Fi 网络的密码，所登录的 Wi-Fi 网络需要接入互联网。这里的内容应该根据项目实施的具体环境加以修改。

 注 意

在每次调用函数 ESP8266_Sendchar()发送一条 AT 指令之后，需要调用 ESP8266 模块回传函数 ESP8266_Recall()，以确认模块是否准确无误地收到并执行指令，函数的返回值是用于在调试时方便判断哪条指令未被执行。

至此，ESP8266 模块就完成了登录 Wi-Fi 网络的工作，注意模块的工作模式配置和 Wi-Fi 参数配置在掉电后是可以被记忆的。

代码第 27 行发送指令"AT+CIPMUX=0"，将模块配置为单连接，代码第 31 行发送指令"AT+CIPMODE=1"，将模块配置为 TCP 透传模式。

代码第 35 行发送指令"AT+CIPSTART=\"TCP\",\"183.230.40.33\",80"，将模块连接至 OneNET 云平台的服务器。

代码第 39 行发送指令"AT+CIPSEND"，启动 TCP 透明传输，至此模块与 OneNET 云平台之间的 TCP 透传通道就建立了。

TCP 透传通道建立后，程序将在主循环中按照云平台技术文档提供的数据流模板上传芯片温度数据。现在来分析主函数的代码。

主函数 main()的代码

```
1.    //云平台 API 数据流
2.    char* tcp_post="POST /devices/516666688/datapoints HTTP/1.1";//
3.    char* tcp_apikey="api-key: s4Xl=B9KNr5cC5LX=RVtP4HRYAk=";    //
4.    char* tcp_host="Host:api.heclouds.com";        //
5.    char* tcp_connect="Connection:close";        //
6.    char* tcp_length="Content-Length:64";        //
7.    char* tcp_null="";                //
8.    char* json_format="{\"datastreams\":[{\"id\":\"temp_data\",\"
      datapoints\":[{\"value\":%02d}]}]}";//
9.    char tcp_datastreams[60];
10.   //主函数
11.   int main(void)
12.   {
13.       char buf[35];
14.       u16 i;
```

```
15.
16.            LCD_Init();                                    //LCD 彩屏初始化
17.            LCD_ClearScreen(WHITE);                        //清屏
18.
19.            Init_All_Periph();
20.            Delay_ms(500);
21.
22.            if(ESP8266_Configuration()==0)
23.            {
24.                    GUI_Chinese(10,10,"云平台连接成功",BLUE,WHITE);
25.                    GUI_Chinese(10,100,"当前内核温度",BLUE,WHITE);
26.                    while(1)
27.                    {
28.                            for(i=0;i<8;i++)               //连续采样 8 次
29.                            {
30.                                    while(ADC_GetFlagStatus(ADC1,ADC_FLAG_EOC)!=1);
                                                               //AD 转换是否完成
31.                                    ADC_ClearFlag(ADC1,ADC_FLAG_EOC);  //清除转换完成标志
32.                                    ADC_tempValue[i]=ADC_GetConversionValue(ADC1);
                                                               //读取转换值
33.                            }
34.                            //中值滤波后转换为温度值
35.                            temp=(1520-(Mid_Value_Filter(ADC_tempValue)*3300/4096))/
4.6+25;
36.
37.                            //显示温度值
38.                            sprintf(buf,"%02d", (u16)temp);
39.                            GUI_Text(125,100,(u8 *)buf,RED,WHITE);
40.
41.                            //向云端发送温度值
42.                            ESP8266_Sendchar(tcp_post);
43.                            Delay_ms(50);
44.                            ESP8266_Sendchar(tcp_apikey);
45.                            Delay_ms(50);
46.                            ESP8266_Sendchar(tcp_host);
47.                            Delay_ms(50);
48.                            ESP8266_Sendchar(tcp_connect);
49.                            Delay_ms(50);
50.                            ESP8266_Sendchar(tcp_length);
51.                            Delay_ms(50);
52.                            ESP8266_Sendchar(tcp_null);
53.                            Delay_ms(50);
54.                            sprintf(tcp_datastreams,json_format,(u16)temperature);
55.                            ESP8266_Sendchar(tcp_datastreams);
```

```
56.                 //云平台数据发送判断
57.                 if(ESP8266_Recall("{\"errno\":0,\"error\":\"succ\"}",
                                     9, 5)==1)
58.                     GUI_Chinese(10,40,"云平台数据发送成功",BLUE,WHITE);
59.                 else
60.                     GUI_Chinese(10,40,"云平台数据发送失败",BLUE,WHITE);
61.
62.                 Delay_ms(4000);
63.             }
64.         }
65.         else
66.             GUI_Chinese(10,10,"云平台连接失败",BLUE,WHITE);
67.     }
```

代码第 2~9 行是按照 OneNET 云平台技术文档中"TCP 透传模式上传数据流字符串模板"的规定，定义了设备 ID、回传数据协议格式、APIKey、连接主机、连接方式、数据流长度、JSON格式数据流模板等内容。

在完成了 LCD 初始化和外设初始化后，代码第 22 行对 ESP8266 模块进行初始化，注意这里是对初始化函数 ESP8266_Configuration()的返回值进行判断。只有返回值为 0 才代表初始化完成，在 LCD 屏幕上显示"云平台连接成功"，并进入主循环开始上传数据；否则，在 LCD 屏幕上显示"云平台连接失败"。如果连接失败，应该复位 STM32 目标板重新运行程序，或者进入调试状态观察模块初始化函数的返回值，以确定云平台连接失败的原因。

进入主循环后，代码第 28~39 行是前面项目中介绍过的读取芯片温度、对温度值进行中值滤波、在 LCD 显示温度值等内容。

代码第 41~55 行是按照 OneNET 云平台的规定，在 TCP 透传通道中上传数据模板，其中，第 54 行是调用 C 语言标准输入输出库中的 sprint()函数，将温度值 temperature 转换为字符串后，嵌入按照模板定义的 JSON 格式数据流中：

```
sprintf(tcp_datastreams,json_format,(u16)temperature);
```

具体的 JSON 格式 json_format 在代码第 8 行：

```
char* json_format="{\"datastreams\":[{\"id\":\"temp\",\"datapoints\":
[{\"value\":%02d}]}]}"
```

格式中的"temp"表示数据点的名称，结束位置的"%02d"表示将温度值转换为两位十进制字符（一般情况下温度值不可能超过两位数，如果温度值为个位数，则十位数补零，云平台支持这种格式），并将其加入 JSON 格式数据流字符串中。

在数据模板发送后，如果 OneNET 云平台收到数据，会返回一串字符信息，其中包含"{"errno":4,"error":"isucc"}"，则表示数据正确无误，代码第 57 行调用函数 ESP8266_Recall()对回传字符串进行判断，并显示云平台数据是否接收成功。

由于云平台数据允许的刷新时间间隔最短为 3 秒，低于此时间间隔的上传频率会造成目标板LCD 屏幕上的温度显示值与云平台温度显示值不一致，所以在主循环中调用了延时函数，将上传数据间隔控制在 4 秒，略高于平台的数据刷新时间间隔。

在实训项目 10 中介绍过 ESP8266 模块回调函数 ESP8266_Recall()，STM32 微控制器每发出一串 AT 指令后，都会调用回调函数对 ESP8266 模块的回复情况进行检测，但是并未考虑特殊情况下模块无响应的超时处理,而是会一直等待下去。本项目中对回调函数代码做了优化,配合基本定时器 TIM6 的溢出中断服务函数,加入了模块无响应的超时处理机制。优化后的 ESP8266 模块回调函数 ESP8266_Recall()代码如下。

加入超时处理的 ESP8266 模块回调函数 ESP8266_Recall()代码

```
1.     u16 ESP8266_Recall(char* command, u16 n,u16 timeout)
2.     {
3.         u16 i;
4.
5.         for(i=0;i<n;i++)
6.         {
7.             count_rx=0;
8.             while(flag_rxdone==0);              //等待字符接收
9.             {
10.                if(count_rx>timeout)            //超时判断
11.                    return 1;                   //超时返回 1
12.                }
13.            flag_rxdone=0;
14.
15.            if(strstr(rx_buf,command)!=0)
16.                return 0;                       //若回调字符串正确则返回 0
17.            }
18.        return 1;
19.    }
```

函数参数 command 为要检测的模块回复字符串。

函数参数 n 表示该字符串位于模块回复信息的第几行,参见表 18-1。可以看到每个指令发出后,正常情况下模块都会回复“OK”,并且回复一般都是 3 行或以上,回调函数以此为依据判断模块是否准确收到指令并执行。

函数参数 timeout 为超时时间,这里的超时时间必须为 100ms 的整数倍。

代码第 7 行是在每次等待接收一个回复字符串之前,先将超时计数器 count_rx 清零,该计数器在基本定时器 TIM6 溢出中断服务函数中加 1,TIM6 溢出周期设定为 100ms。

代码第 8 行将等待标志 flag_rxdone 置位,也就是等待模块回复字符串接收完成。

在等待接收完成时,代码第 10 行判断超时计数器 count_rx 是否大于 timeout。

由于 count_rx 是在 TIM6 中断服务函数中加 1,即使在等待接收完成的过程中,count_rx 的值也是每隔 100ms 就加 1。

如果超时计数器 count_rx 的值大于 timeout,回调函数返回 1(模块回复正确时函数返回 0)。根据此返回值可以在代码调试阶段迅速找到问题所在的位置。

18.2.4　在桌面端或手机端观察云平台的温度数据

将项目代码编译下载并运行,如果目标板 LCD 显示云平台数据接收正常,可以登录 OneNET 云平台,进入图 18-22 所示的应用详情界面,将发布链接的内容复制粘贴到浏览器的地址栏并访问此链接，将会观察到图 18-25 所示芯片温度值的实时变化情况。

图18-25　浏览器观察的温度值

　　单击界面左上角的手机符号，使用手机扫描页面上的二维码，在手机浏览器页面同样可以观察到芯片温度值的实时变化情况。

　　通过本项目的学习，实现了 STM32 目标板与 OneNET 物联网云平台的连接与数据传输。